崧燁文化

曹永忠、郭耀文
許智誠、蔡英德 著

人工智慧開發第一步（硬體建置篇）

First step to artificial intelligent development-hardware installation and configuration

自序

人工智慧整合開發系列的書是我出版至今進入 2021 年之際，在自我學習之間，把筆者學習過程與經驗，邊學習之中分享出來的一個系列。

這幾年來，人工智慧無異是最熱門的議題，各種的應用無不一一崛起，人臉辨識整合到門禁、環境監控等，物件辨識整合到無人結帳櫃檯、農產品品質監控、環境監控等、X 光片、生理切片等生醫應用更是如火如荼的興起。但是有經驗的開發者、學者、實踐者深知、人工智慧背後帶來的數理基礎、系統開發的難度、系統整合的複雜度，比起以往的單一學門的學理與技術，更是困難許多。

筆者不敢自稱人工智慧非常了解，只能算是喜好與研究者，對於人工智慧於物聯網、工業四、環境監控等議題相當有興趣，希望在學期人工智慧時，可以快速把人工智慧的應用整合到上述的領域之中，可以創造出更多創造性、更具影響性、更佳的實務性等應用，於是開始了本系列：人工智慧整合開發系列的攥寫。

筆者才疏學淺、對於許多領域，永遠在學習路上，若有任何錯誤或需要改進的地方，希望各位讀者、學者、產業先進，不吝對筆者一一教導與支持，筆者必當湧泉相報。

曹永忠 於貓咪樂園

自序

記得自己在大學資訊工程系修習電子電路實驗的時候，自己對於設計與製作電路板是一點興趣也沒有，然後又沒有天分，所以那是苦不堪言的一堂課，還好當年有我同組的好同學，努力的照顧我，命令我做這做那，我不會的他就自己做，如此讓我解決了資訊工程學系課程中，我最不擅長的課。

當時資訊工程學系對於設計電子電路課程，大多數都是專攻軟體的學生去修習時，系上的用意應該是要大家軟硬兼修，尤其是在台灣這個大部分是硬體為主的產業環境，但是對於一個軟體設計，但是缺乏硬體專業訓練，或是對於眾多機械機構與機電整合原理不太有概念的人，在理解現代的許多機電整合設計時，學習上都會有很多的困擾與障礙，因為專精於軟體設計的人，不一定能很容易就懂機電控制設計與機電整合。懂得機電控制的人，也不一定知道軟體該如何運作，不同的機電控制或是軟體開發常常都會有不同的解決方法。

除非您很有各方面的天賦，或是在學校巧遇名師教導，否則通常不太容易能在機電控制與機電整合這方面自我學習，進而成為專業人員。

而自從有了 Arduino 這個平台後，上述的困擾就大部分迎刃而解了，因為 Arduino 這個平台讓你可以以不變應萬變，用一致性的平台，來做很多機電控制、機電整合學習，進而將軟體開發整合到機構設計之中，在這個機械、電子、電機、資訊、工程等整合領域，不失為一個很大的福音，尤其在創意掛帥的年代，能夠自己創新想法，從 Original Idea 到產品開發與整合能夠自己獨立完整設計出來，自己就能夠更容易完全了解與掌握核心技術與產業技術，整個開發過程必定可以提供思維上與實務上更多的收穫。

Arduino 平台引進台灣自今，雖然越來越多的書籍出版，但是從設計、開發、製作出一個完整產品並解析產品設計思維，這樣產品開發的書籍仍然鮮見，尤其是能夠從頭到尾，利用範例與理論解釋並重，完完整整的解說如何用 Arduino 設計出一個完整產品，介紹開發過程中，機電控制與軟體整合相關技術與範例，如此的書籍更是付之闕如。永忠、英德兄與敝人計畫撰寫 Maker 系列，就是基於這樣對市場需要的觀察，開發出這樣的書籍。

作者出版了許多的 Arduino 系列的書籍，深深覺的，基礎乃是最根本的實力，所以回到最基礎的地方，希望透過最基本的程式設計教學，來提供眾多的 Makers 在入門 Arduino 時，如何開始，如何攥寫自己的程式，進而介紹不同的週邊模組，主要的目的是希望學子可以學到如何使用這些週邊模組來設計程式，期望在未來產品開發時，可以更得心應手的使用這些週邊模組與感測器，更快將自己的想法實現，希望讀者可以了解與學習到作者寫書的初衷。

許智誠　於中壢雙連坡中央大學 管理學院

自序

隨著資通技術(ICT)的進步與普及，取得資料不僅方便快速，傳播資訊的管道也多樣化與便利。然而，在網路搜尋到的資料卻越來越巨量，如何將在眾多的資料之中篩選出正確的資訊，進而萃取出您要的知識？如何獲得同時具廣度與深度的知識？如何一次就獲得最正確的知識？相信這些都是大家共同思考的問題。

為了解決這些困惱大家的問題，永忠、智誠兄與敝人計畫製作一系列「Maker 系列」書籍來傳遞兼具廣度與深度的軟體開發知識，希望讀者能利用這些書籍迅速掌握正確知識。首先規劃「以一個 Maker 的觀點，找尋所有可用資源並整合相關技術，透過創意與逆向工程的技法進行設計與開發」的系列書籍，運用現有的產品或零件，透過駭入產品的逆向工程的手法，拆解後並重製其控制核心，並使用 Arduino 相關技術進行產品設計與開發等過程，讓電子、機械、電機、控制、軟體、工程進行跨領域的整合。

近年來 Arduino 異軍突起，在許多大學，甚至高中職、國中，甚至許多出社會的工程達人，都以 Arduino 為單晶片控制裝置，整合許多感測器、馬達、動力機構、手機、平板...等，開發出許多具創意的互動產品與數位藝術。由於 Arduino 的簡單、易用、價格合理、資源眾多，許多大專院校及社團都推出相關課程與研習機會來學習與推廣。

以往介紹 ICT 技術的書籍大部份以理論開始、為了深化開發與專業技術，往往忘記這些產品產品開發背後所需要的背景、動機、需求、環境因素等，讓讀者在學習之間，不容易了解當初開發這些產品的原始創意與想法，基於這樣的原因，一般人學起來特別感到吃力與迷惘。

本書為了讀者能夠深入了解產品開發的背景，本系列整合 Maker 的觀念與創意發想，深入產品技術核心，進而開發產品，只要讀者跟著本書一步一步研習與實作，在完成之際，回頭思考，就很容易了解開發產品的整體思維。透過這樣的思路，讀者就可以輕易地轉移學習經驗至其他相關的產品實作上。

所以本書是能夠自修的書，讀完後不僅能依據書本的實作說明準備材料來製作，盡情享受 DIY(Do It Yourself)的樂趣，還能了解其原理並推展至其他應用。有興趣的讀者可再利用書後的參考文獻繼續研讀相關資料。

本書的發行有新的創舉，就是以電子書型式發行，在國家圖書館(http://www.ncl.edu.tw/)、國立公共資訊圖書館 National Library of Public Information(http://www.nlpi.edu.tw/)、台灣雲端圖庫(http://www.ebookservice.tw/)等都可以閱讀，如要購買的讀者也可以到許多電子書網路商城、Google Books 與 Google Play 都可以購買之後下載與閱讀。希望讀者能珍惜機會閱讀及學習，繼續將知識與資訊傳播出去，讓有興趣的眾人都受益。希望這個拋磚引玉的舉動能讓更多人響應與跟進，一起共襄盛舉。

本書可能還有不盡完美之處，非常歡迎您的指教與建議。近期還將推出其他 Arduino 相關應用與實作的書籍，敬請期待。

最後，請您立刻行動翻書閱讀。

蔡英德 於台中沙鹿靜宜大學主顧樓

目 錄

人工智慧整合開發系列

本書得以付梓，一切都要感謝 MakerPro(https://makerpro.cc/)的主編：歐敏銓總主編邀請筆者針對目前人工智慧的熱門議題，開啟一個『人工智慧整合開發專欄』起說起，希望可以將筆者的經驗分享給各位讀者，而開始的議題則是物件偵測著手，由於筆者也到財團法人資訊工業策進會的 AIGO 計畫受訓，並且將學習心得與實務經驗整合，便著手開始攥寫『人工智慧整合開發專欄』，筆者發現，一切從零開始方為最踏實的方式，所以筆者開啟了『人工智慧整合開發系列』的第一本書：人工智慧開發第一步(硬體建置篇)，以硬體主機的安裝與設定為基礎教學書籍開始攥寫，開始了本書的源起。

這幾年來，人工智慧無異是最熱門的議題，各種的應用無不一一崛起，人臉辨識整合到門禁、環境監控等，物件辨識整合到無人結帳櫃檯、農產品品質監控、環境監控等、X 光片、生理切片等生醫應用更是如火如荼的興起。但是有經驗的開發者、學者、實踐者深知、人工智慧背後帶來的數理基礎、系統開發的難度、系統整合的複雜度，比起以往的單一學門的學理與技術，更是困難許多。

筆者不敢自稱人工智慧非常了解，只能算是喜好與研究者，對於人工智慧於物聯網、工業四、環境監控等議題相當有興趣，希望在學期人工智慧時，可以快速把人工智慧的應用整合到上述的領域之中，可以創造出更多創造性、更具影響性、更佳的實務性等應用，於是開始了本系列：人工智慧整合開發系列的攥寫。

筆者才疏學淺、對於許多領域，永遠在學習路上，若有任何錯誤或需要改進的地方，希望各位讀者、學者、產業先進，不吝對筆者一一教導與支持，筆者必當湧泉相報。

CHAPTER

緣起

本書得以付梓，一切都要感謝 MakerPro(https://makerpro.cc/)的主編：歐敏銓總主編邀請筆者針對目前人工智慧的熱門議題，開啟一個『人工智慧整合開發專欄』起說起，希望可以將筆者的經驗分享給各位讀者，而開始的議題則是物件偵測著手，由於筆者也到財團法人資訊工業策進會的 AIGO 計畫受訓，並且將學習心得與實務經驗整合(曹永忠 & 郭耀文, 2020a, 2020b)，便著手開始攥寫『人工智慧整合開發專欄』，筆者發現，一切從零開始方為最踏實的方式，所以筆者開啟了『人工智慧整合開發系列』的第一本書：人工智慧開發第一步(硬體建置篇)，以硬體主機的安裝與設定為基礎教學書籍開始攥寫，開始了本書的源起。

下載 Ubuntu ISO 檔

首先，我們先使用 google 搜尋到 Ubuntu 的官方下載，如下圖所示，我們進入 https://releases.ubuntu.com/20.04/ 主頁：

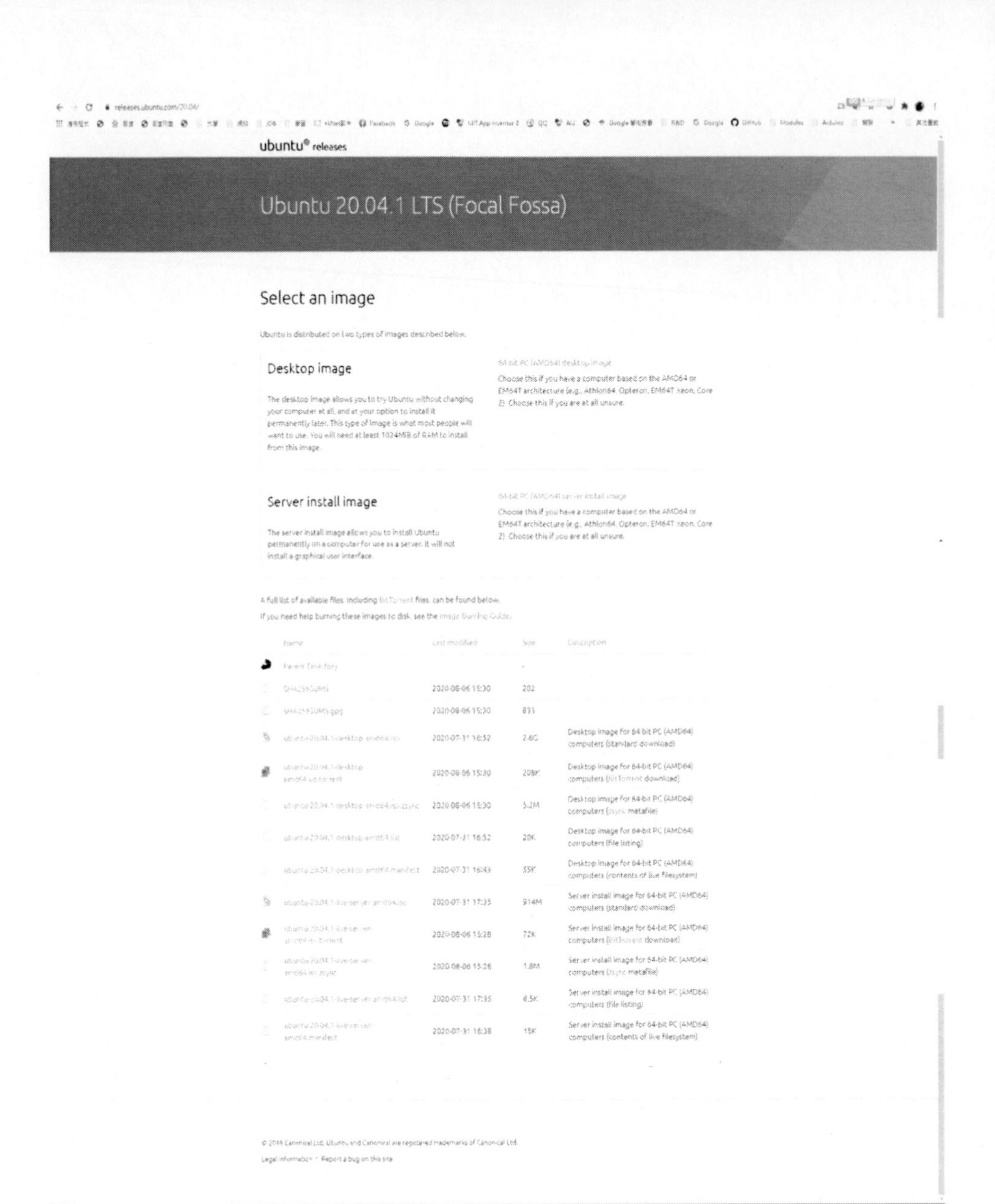

圖 1 Ubuntu 下載官網

如下圖所示，筆者選擇『ubuntu-20.04.1-desktop-amd64.iso』下載，網址：https://releases.ubuntu.com/20.04/ubuntu-20.04.1-desktop-amd64.iso，請讀者根

據自己電腦與對應配備選擇合適 ISO 檔下載：

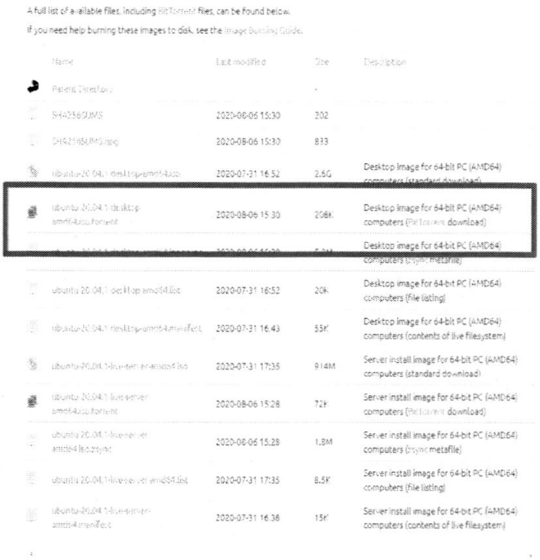

A full list of available files, including BitTorrent files, can be found below.
If you need help burning these images to disk, see the Image Burning Guide.

Name	Last modified	Size	Description
Parent Directory		-	
SHA256SUMS	2020-08-06 15:30	202	
SHA256SUMS.gpg	2020-08-06 15:30	833	
ubuntu-20.04.1-desktop-amd64.iso	2020-07-31 16:52	2.6G	Desktop image for 64-bit PC (AMD64) computers (standard download)
ubuntu-20.04.1-desktop-amd64.iso.torrent	2020-08-06 15:30	208K	Desktop image for 64-bit PC (AMD64) computers (BitTorrent download)
[illegible]	[illegible]	[illegible]	Desktop image for 64-bit PC (AMD64) computers (zsync metafile)
ubuntu-20.04.1-desktop-amd64.list	2020-07-31 16:52	20K	Desktop image for 64-bit PC (AMD64) computers (file listing)
ubuntu-20.04.1-desktop-amd64.manifest	2020-07-31 16:43	55K	Desktop image for 64-bit PC (AMD64) computers (contents of live filesystem)
ubuntu-20.04.1-live-server-amd64.iso	2020-07-31 17:35	914M	Server install image for 64-bit PC (AMD64) computers (standard download)
ubuntu-20.04.1-live-server-amd64.iso.torrent	2020-08-06 15:28	72K	Server install image for 64-bit PC (AMD64) computers (BitTorrent download)
ubuntu-20.04.1-live-server-amd64.iso.zsync	2020-08-06 15:28	1.8M	Server install image for 64-bit PC (AMD64) computers (zsync metafile)
ubuntu-20.04.1-live-server-amd64.list	2020-07-31 17:35	8.5K	Server install image for 64-bit PC (AMD64) computers (file listing)
ubuntu-20.04.1-live-server-amd64.manifest	2020-07-31 16:38	15K	Server install image for 64-bit PC (AMD64) computers (contents of live filesystem)

圖 2 選擇 Ubuntu 下載

下載 Ubuntu ISO 檔案後，因為筆者想要建立一台完全使用於機械學習的專用機器，所以必須將這個 Ubuntu 製造成為一個開機磁碟，筆者使用『Rufus』軟體來執行這項工作。

下載 ISO 燒錄軟體

首先，我們先使用 google 搜尋到 Rufus 的官方下載，如下圖所示，我們進入 https://rufus.ie/downloads/ 主頁：

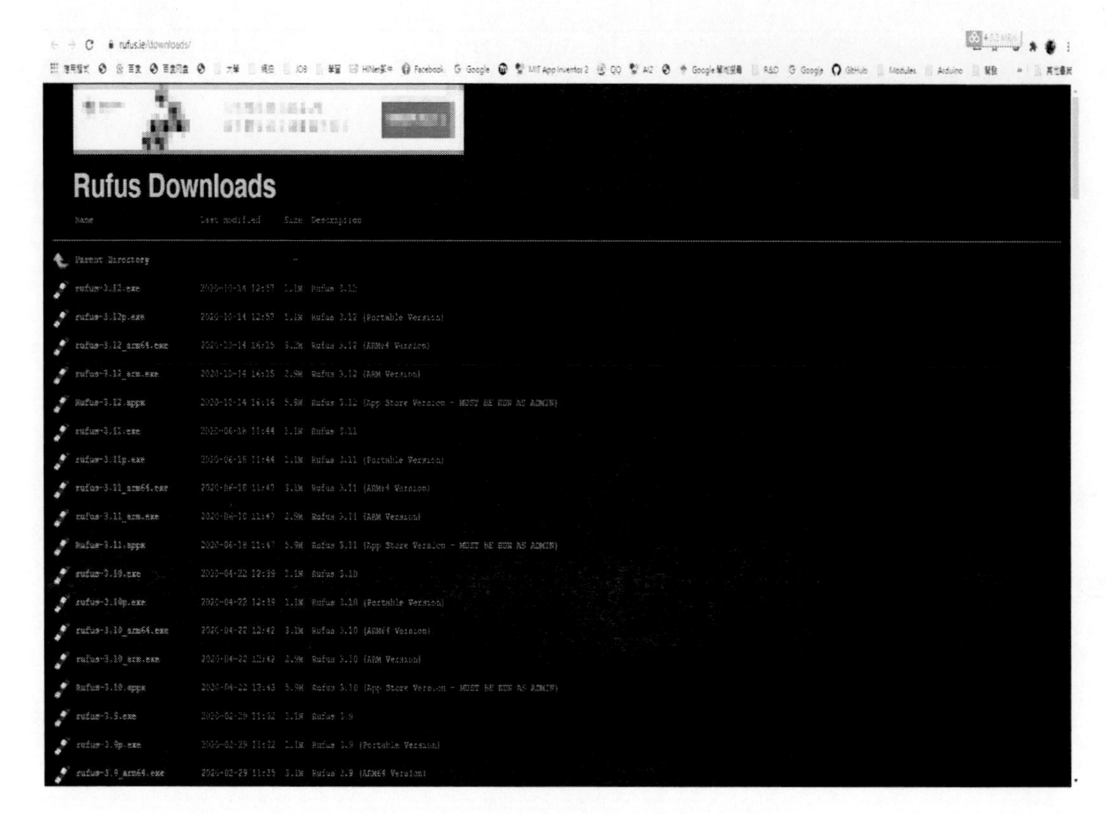

圖 3 Rufus Downloads 網站

如下圖所示，筆者選擇『rufus-3.12p.exe』，網址：https://github.com/pbatard/rufus/releases/download/v3.12/rufus-3.12p.exe，進行下載使用：

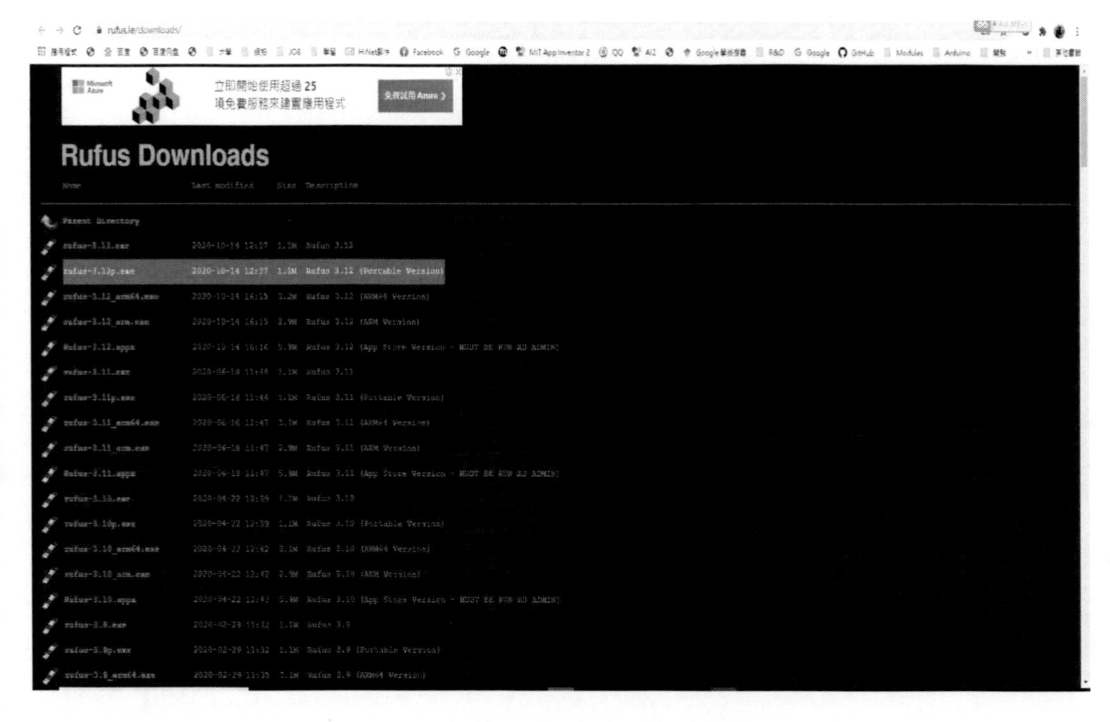

圖 4 Rufus Downloads 網站

下載『rufus-3.12p.exe』完成後，如下圖所示，筆者執行『rufus-3.12p.exe』:

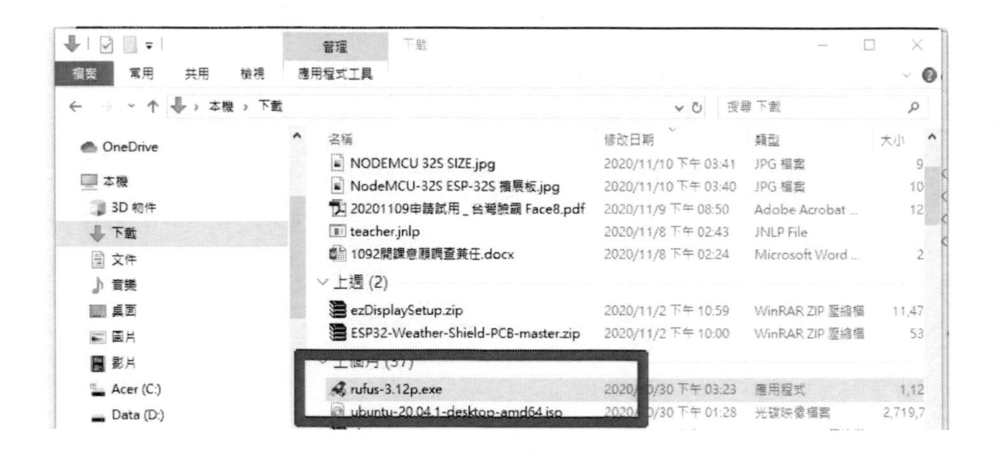

圖 5 執行 rufus-3.12p

如下圖所示，可以看到 rufus-3.12p 執行主畫面：

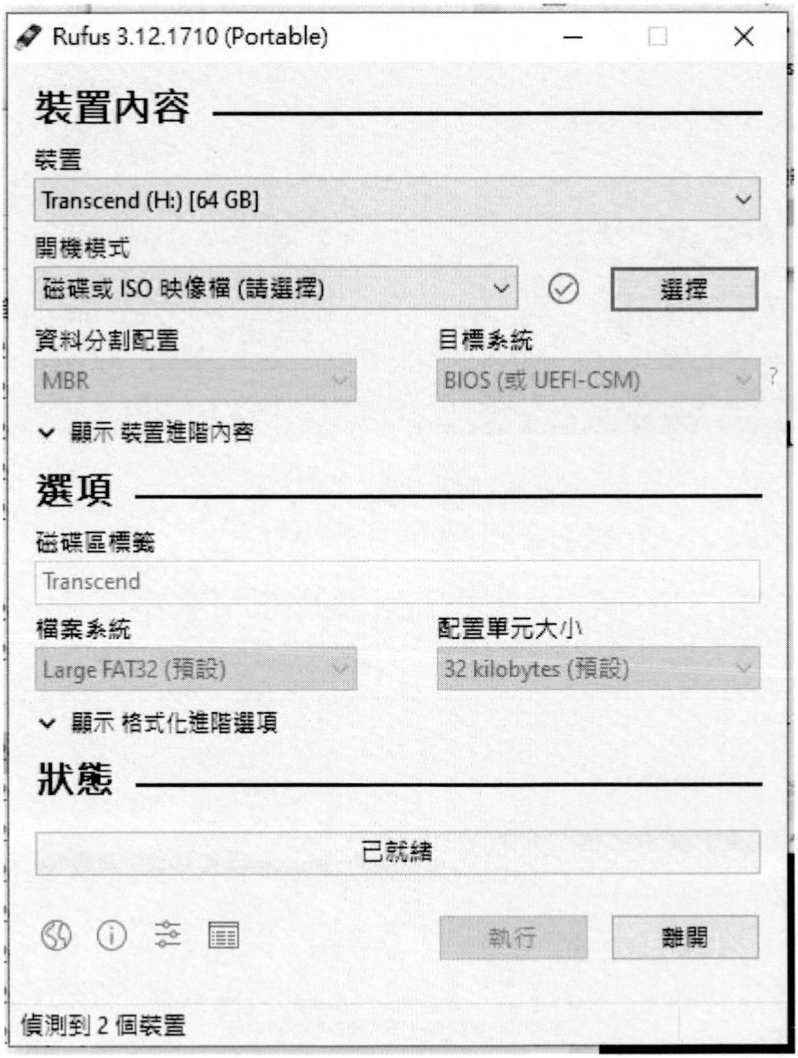

圖 6 rufus-3.12p 執行主畫面

如下圖所示，筆者選擇選擇燒錄目的之 USB 隨身碟：

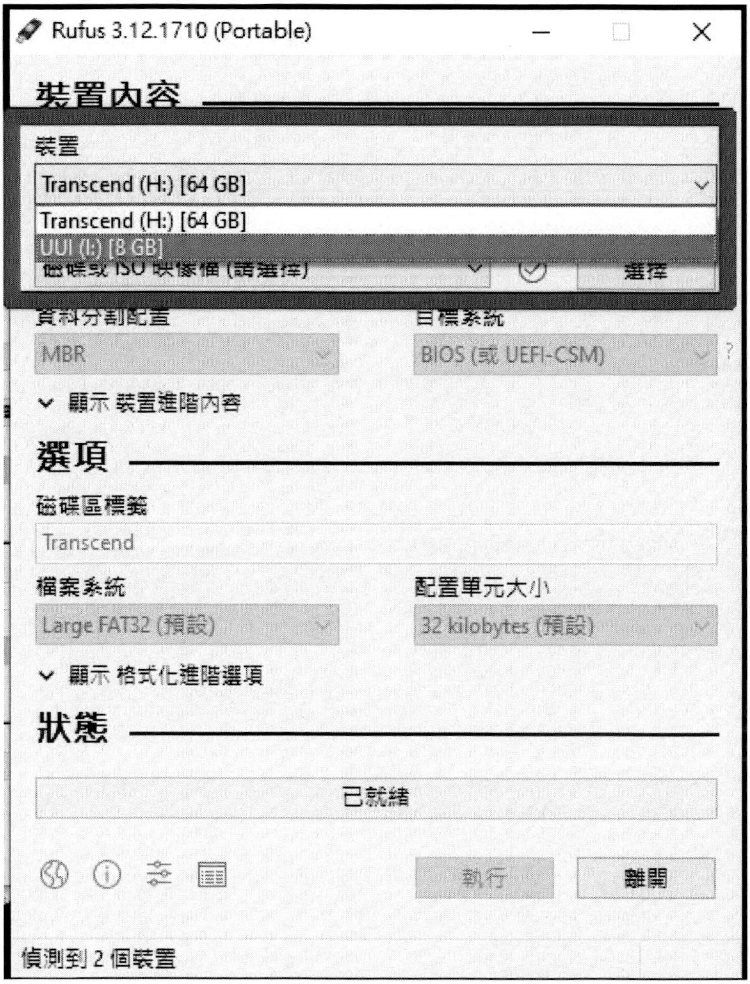

圖 7 選擇燒錄目的之 USB 隨身碟

如下圖所示，筆者選擇進行選取燒錄之 ISO 檔：

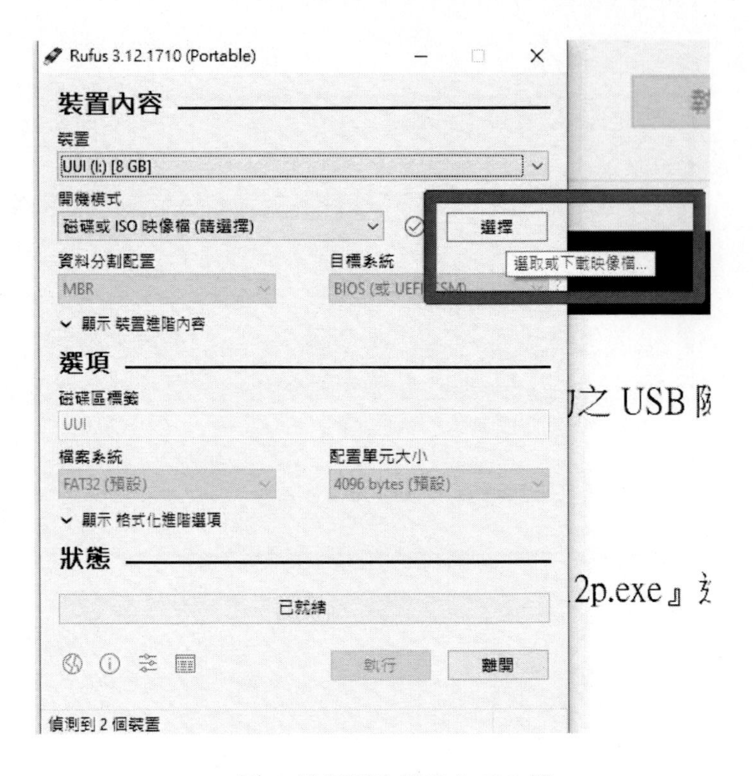

圖 8 進行選取燒錄之 ISO 檔

如下圖所示，選取燒錄之 ISO 檔：

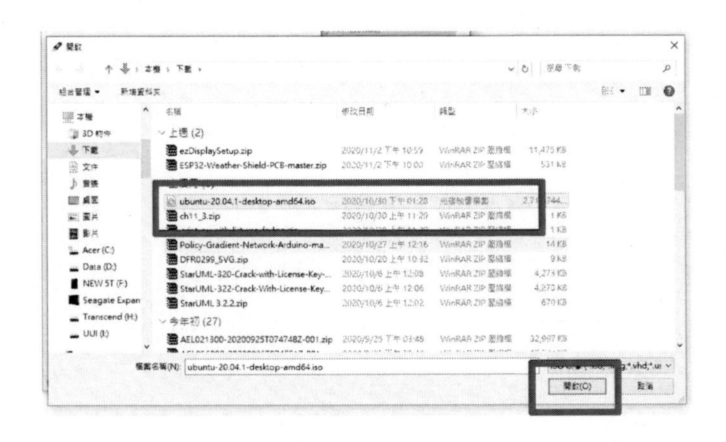

圖 9 選取燒錄之 ISO 檔

如下圖所示，確定一切就緒：

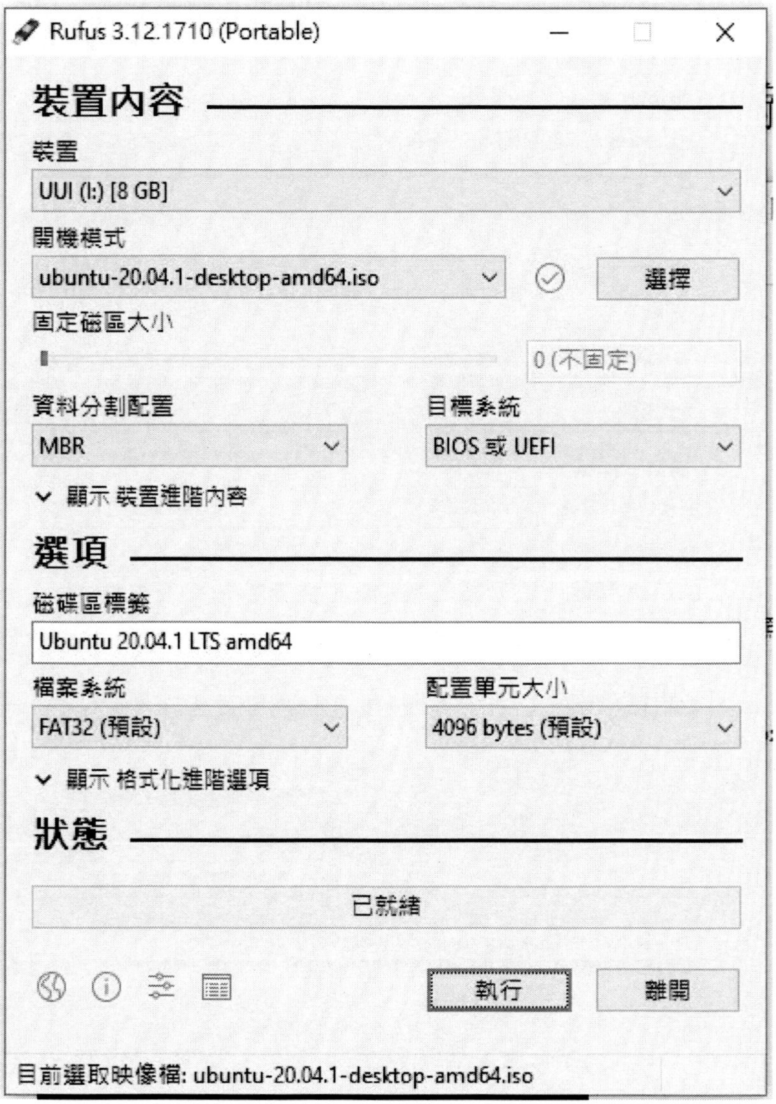

Rufus 3.12.1710 (Portable)

裝置內容

裝置

UUI (I:) [8 GB]

開機模式

ubuntu-20.04.1-desktop-amd64.iso

選擇

固定磁區大小

0 (不固定)

資料分割配置

MBR

目標系統

BIOS 或 UEFI

顯示 裝置進階內容

選項

磁碟區標籤

Ubuntu 20.04.1 LTS amd64

檔案系統

FAT32 (預設)

配置單元大小

4096 bytes (預設)

顯示 格式化進階選項

狀態

已就緒

執行

離開

目前選取映像檔: ubuntu-20.04.1-desktop-amd64.iso

圖 10 確定一切就緒

如下圖所示，筆者選擇執行燒錄：

Rufus 3.12.1710 (Portable)

裝置內容

裝置

UUI (I:) [8 GB]

開機模式

ubuntu-20.04.1-desktop-amd64.iso

選擇

固定磁區大小

0 (不固定)

資料分割配置

MBR

目標系統

BIOS 或 UEFI

顯示 裝置進階內容

選項

磁碟區標籤

Ubuntu 20.04.1 LTS amd64

檔案系統

FAT32 (預設)

配置單元大小

4096 bytes (預設)

顯示 格式化進階選項

狀態

已就緒

執行

離開

目前選取映像檔: ubuntu-20.04.1-desktop-amd64.iso

圖 11 執行燒錄

如下圖所示，確定燒錄模式：

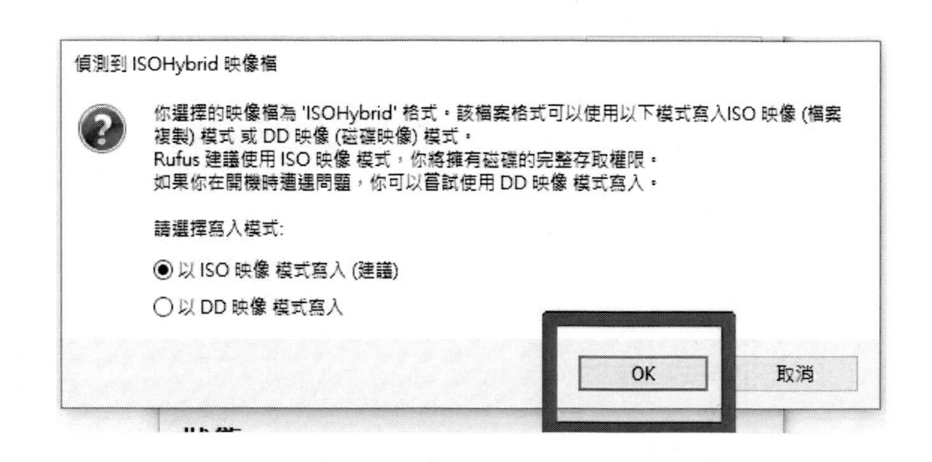

圖 12 確定燒錄模式

如下圖所示，確認清除 USB 隨身碟進行燒錄：

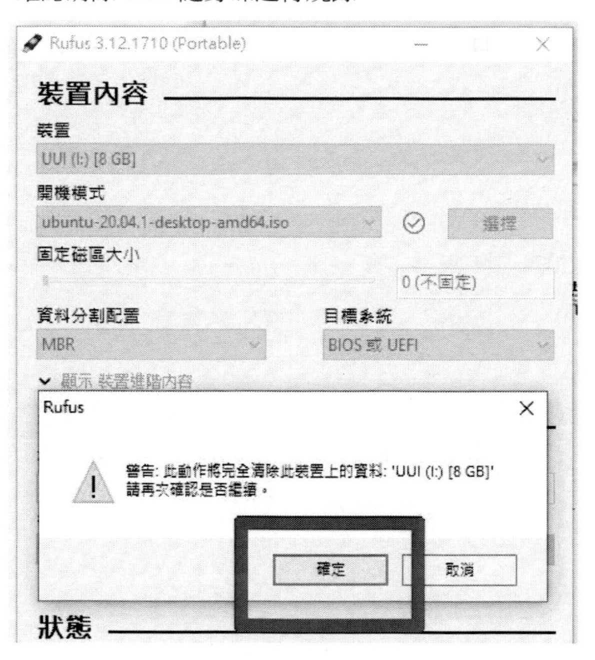

圖 13 確認清除 USB 隨身碟進行燒錄

如下圖所示，可以看到燒錄中：

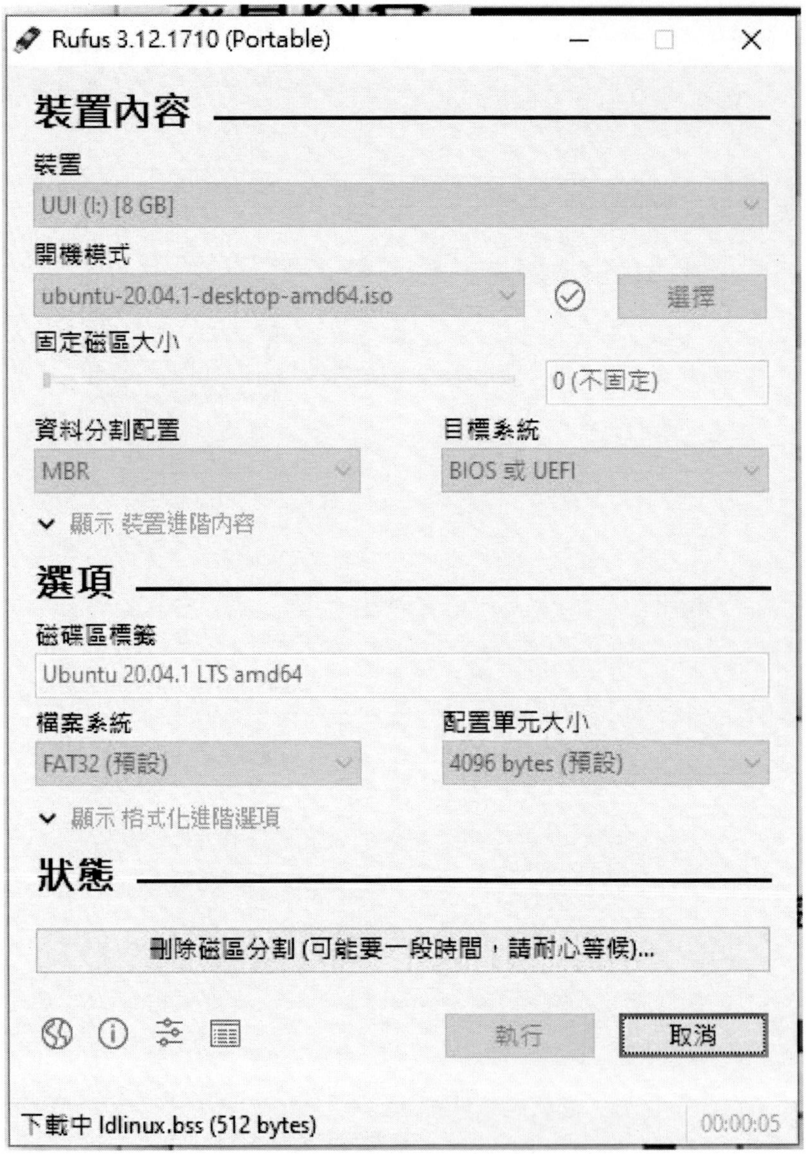

Rufus 3.12.1710 (Portable)

裝置內容

裝置

UUI (I:) [8 GB]

開機模式

ubuntu-20.04.1-desktop-amd64.iso

選擇

固定磁區大小

0 (不固定)

資料分割配置

MBR

目標系統

BIOS 或 UEFI

顯示 裝置進階內容

選項

磁碟區標籤

Ubuntu 20.04.1 LTS amd64

檔案系統

FAT32 (預設)

配置單元大小

4096 bytes (預設)

顯示 格式化進階選項

狀態

刪除磁區分割 (可能要一段時間，請耐心等候)...

執行

取消

下載中 ldlinux.bss (512 bytes)

00:00:05

圖 14 燒錄中

如下圖所示，看到這個畫面，代表燒錄完成：

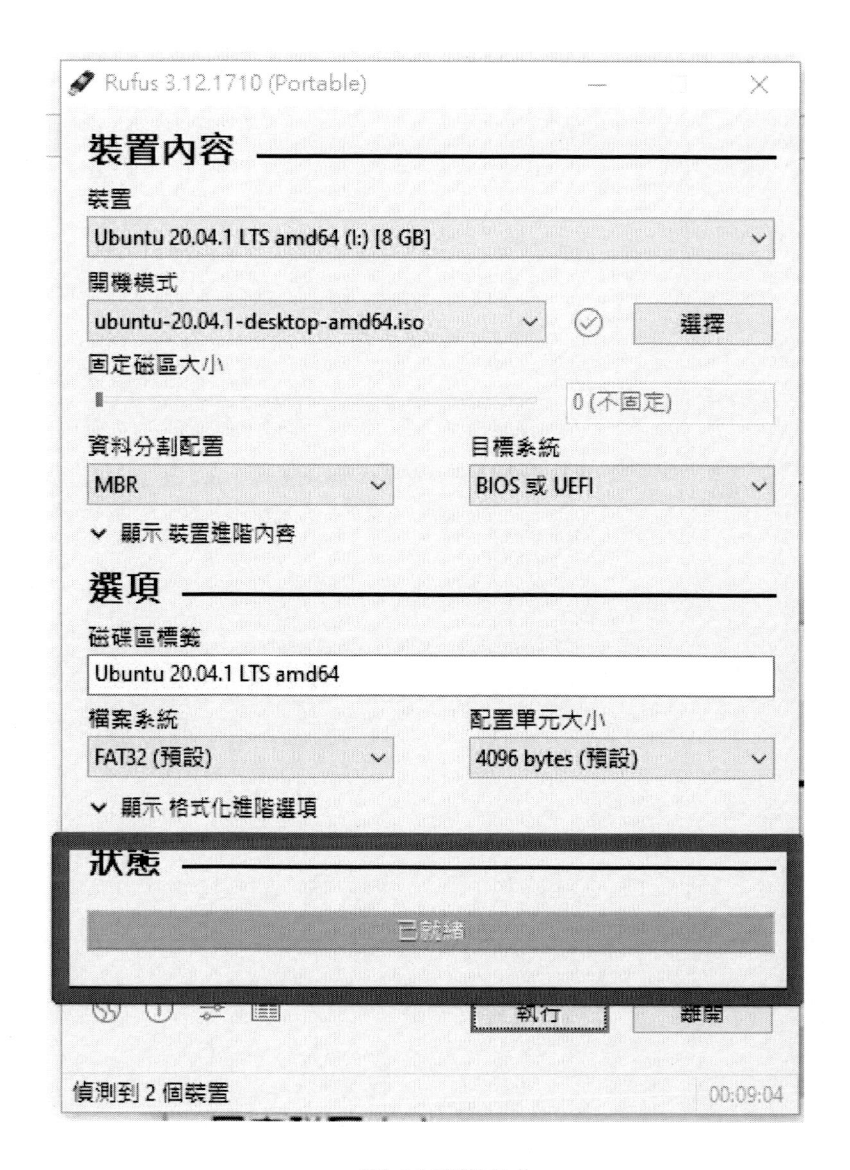

圖 15 燒錄完成

如果讀者想確認燒錄情形，可以打開 USB 隨身碟，如下圖所示，確認 USB 碟內容：

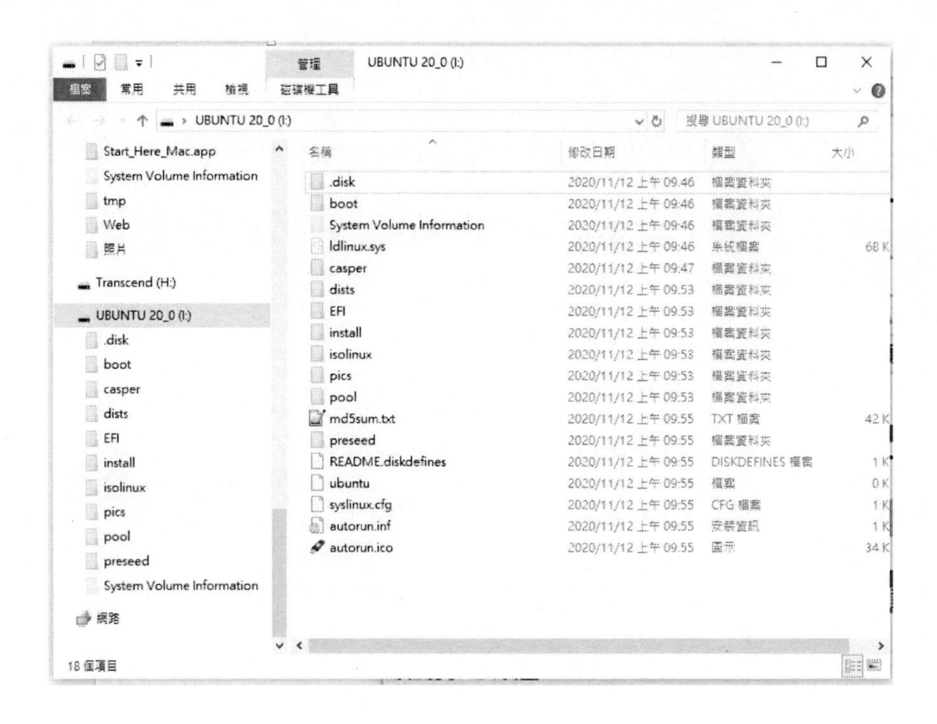

圖 16 確認 USB 碟內容

章節小結

本章主要介紹 Ubuntu ISO 檔下載，如何將 ISO 檔燒錄到安裝之隨身碟，待後續進行系統安裝之準備，相信讀者會對 Ubuntu ISO 檔下載，如何將 ISO 檔燒錄到安裝之隨身碟認識，有更深入的了解與體認。

2
CHAPTER

Ubuntu 作業系統安裝

上章之中，我們已經將 Ubuntu ISO 檔下載，並下載 Rufus 與安裝後，將 ISO 檔燒錄到安裝之隨身碟後，一切就緒後，就可以開始安裝 Ubuntu 作業系統。

設定 BIOS 開機順序

接下來，筆者將燒錄完成之 USB 隨身碟，插入欲安裝的機器，接下來開機，進入 BIOS 設定，筆者是 ASUS 筆記型電腦，所以按『F11』進入 BIOS 設定，如下圖所示，我們可以 BIOS 設定畫面：

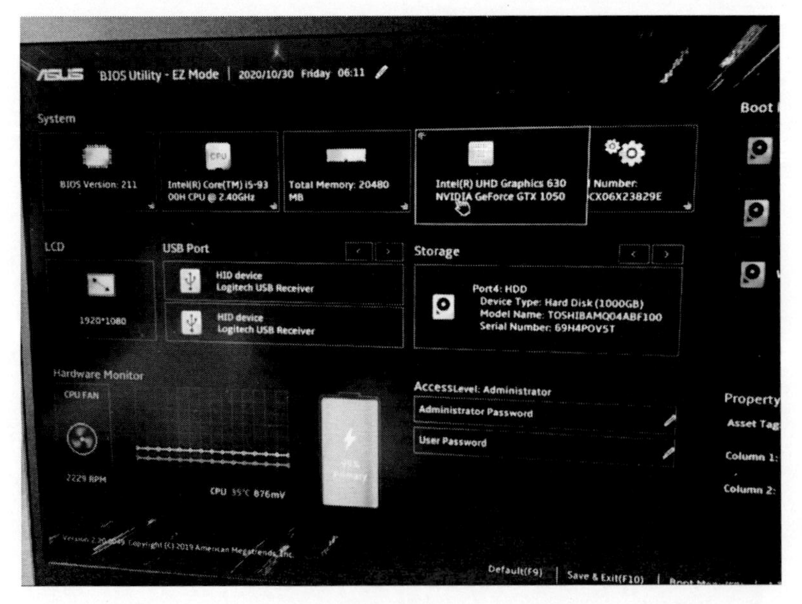

圖 17 BIOS 設定畫面

接下來將 Boot 選項，設定開機次序，設定 USB 隨身碟為第一優先後，選擇存檔後重新啟動電腦。

啟動安裝作業系統

接下來，筆者重新開機，如下圖所示，我們可以看到電腦開機畫面：

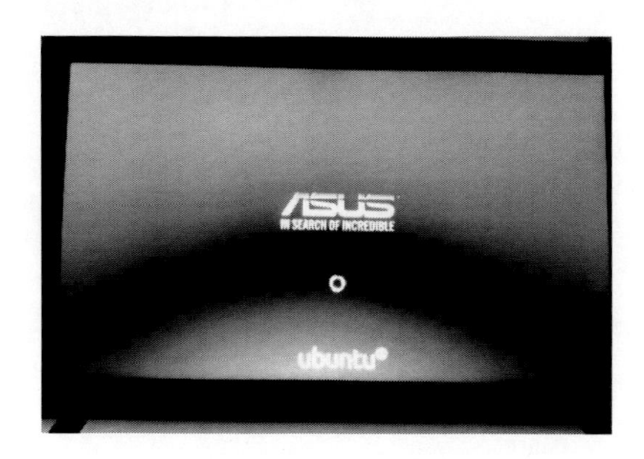

圖 18 開啟電腦

如下圖所示，我們選擇安裝語言：

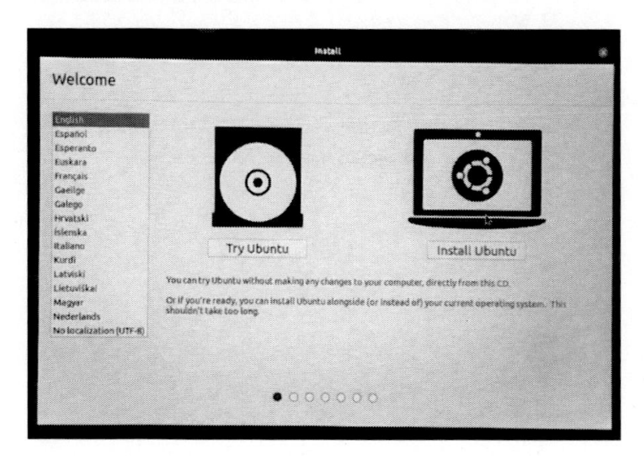

圖 19 安裝畫面-選擇安裝語言

如下圖所示，我們進行安裝 Ubuntu：

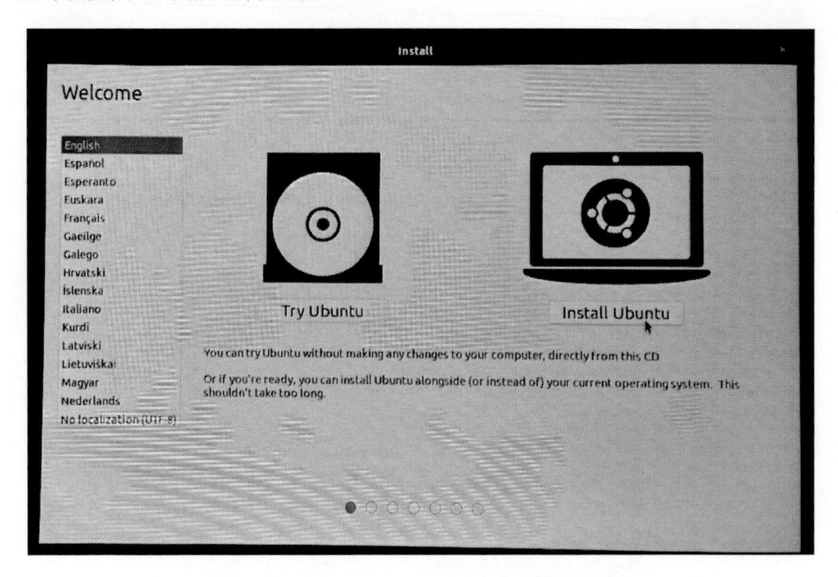

圖 20 進行安裝 Ubuntu

如下圖所示，我們選擇鍵盤：

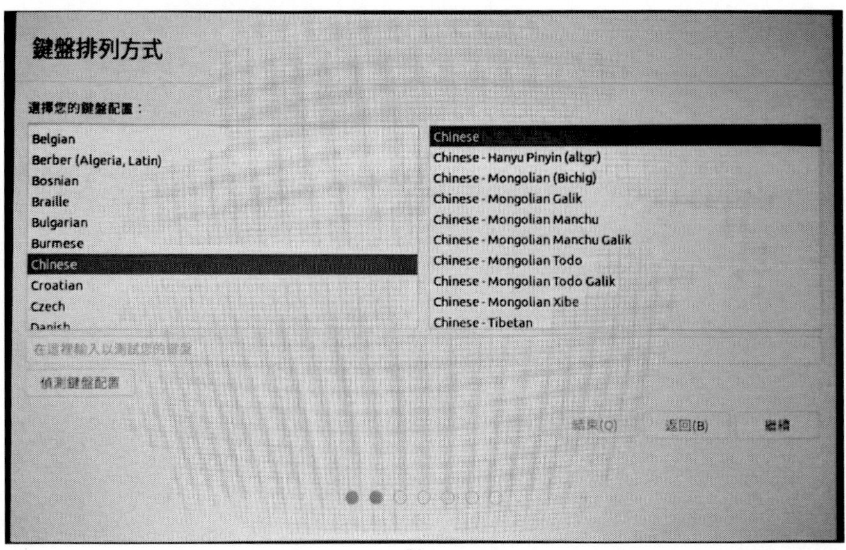

圖 21 選擇鍵盤

如下圖所示，我們選擇無線網路熱點：

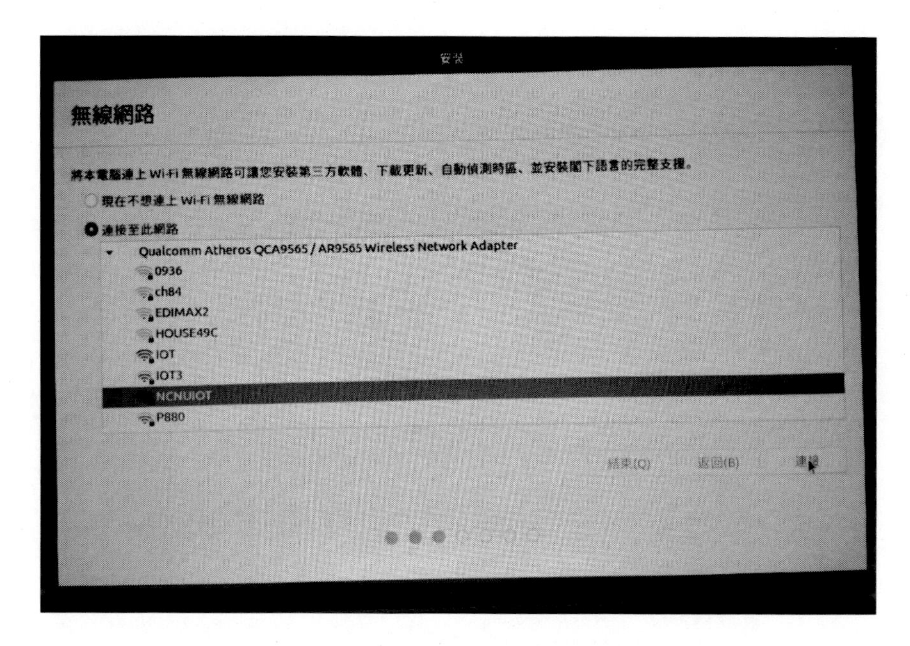

圖 22 選擇無線網路熱點

如下圖所示，我們輸入無線網路熱點連線加密密碼：

圖 23 輸入無線網路熱點連線加密密碼

如下圖所示，我們選擇安裝選項：

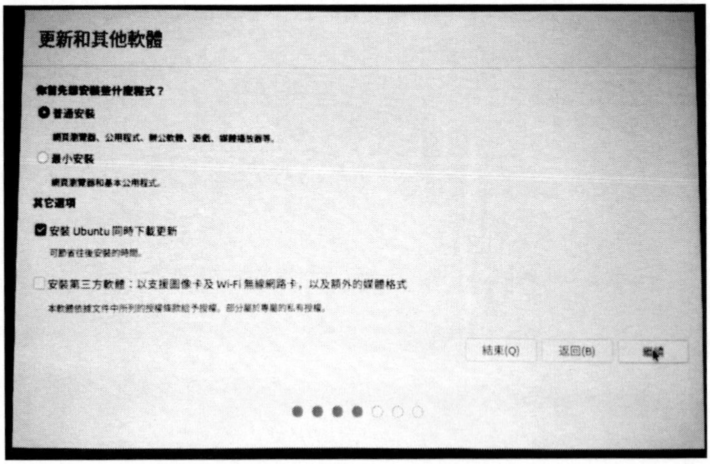

圖 24 選擇安裝選項

如下圖所示，我們選擇安裝硬碟

圖 25 選擇安裝硬碟

如下圖所示，請讀者確認寫入硬碟：

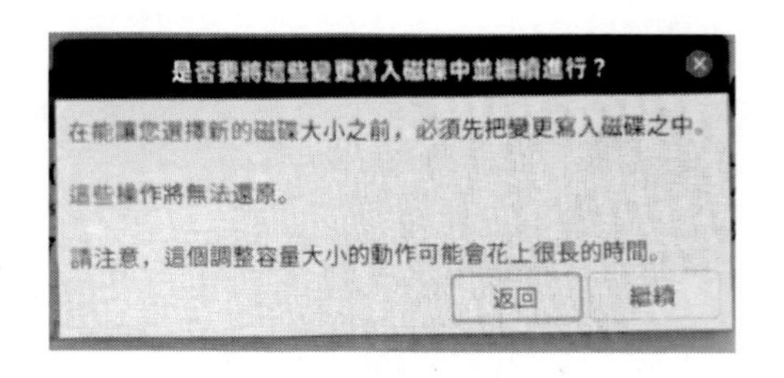

圖 26 確認寫入硬碟

如下圖所示，請讀者確認清除硬碟並安裝：

圖 27 確認清除硬碟並安裝

如下圖所示，請讀者確認寫入並安裝：

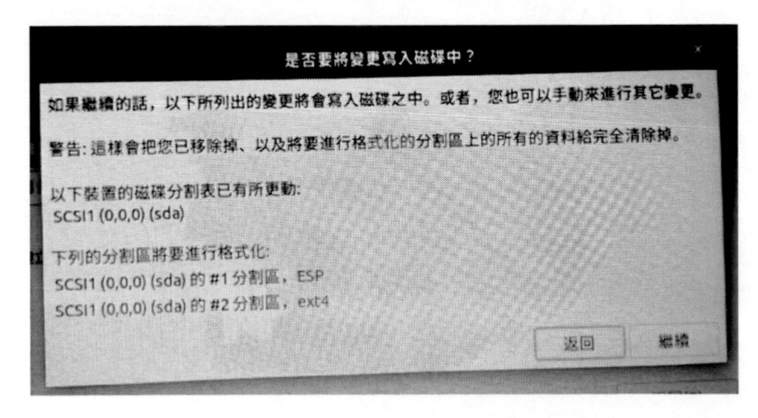

圖 28 確認寫入並安裝

如下圖所示，請讀者設定所在地理區域：

圖 29 設定所在地理區域

如下圖所示，請讀者設定超級使用者與資訊：

圖 30 設定超級使用者與資訊

如下圖所示，Ubuntu 安裝中：

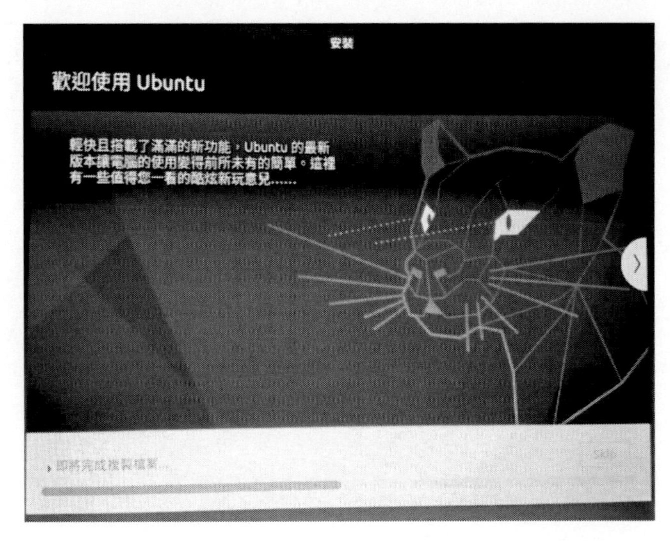

圖 31 Ubuntu 安裝中

如下圖所示，Ubuntu 安裝完成要求，並提示重啟電腦，請讀者按下確定後重啟電腦：

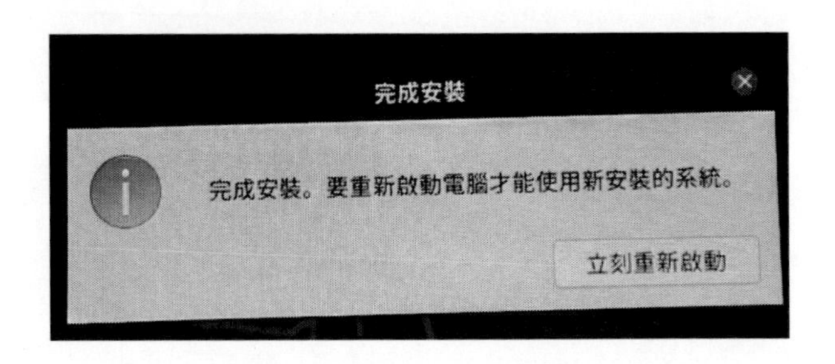

圖 32 Ubuntu 安裝完成要求重啟

如下圖所示，系統會請讀者移除 USB 隨身碟病重啟電腦：

圖 33 移除 USB 隨身碟病重啟

如下圖所示，詢問是否安裝 LivePatch，請讀者選擇取消：

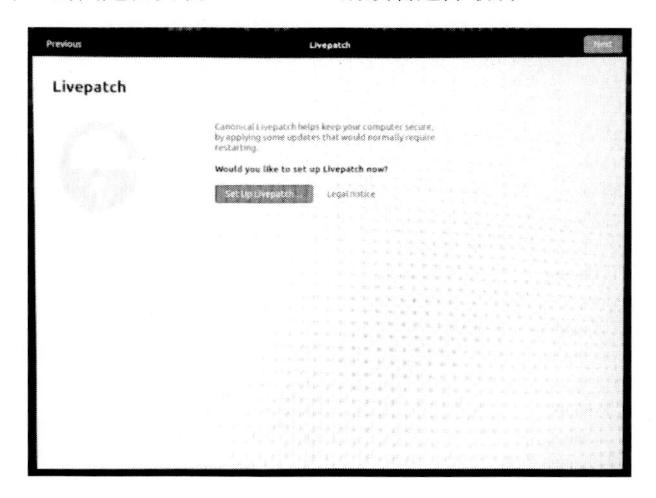

圖 34 詢問是否安裝 LivePatch

如下圖所示，Ubuntu 作業系統完成：

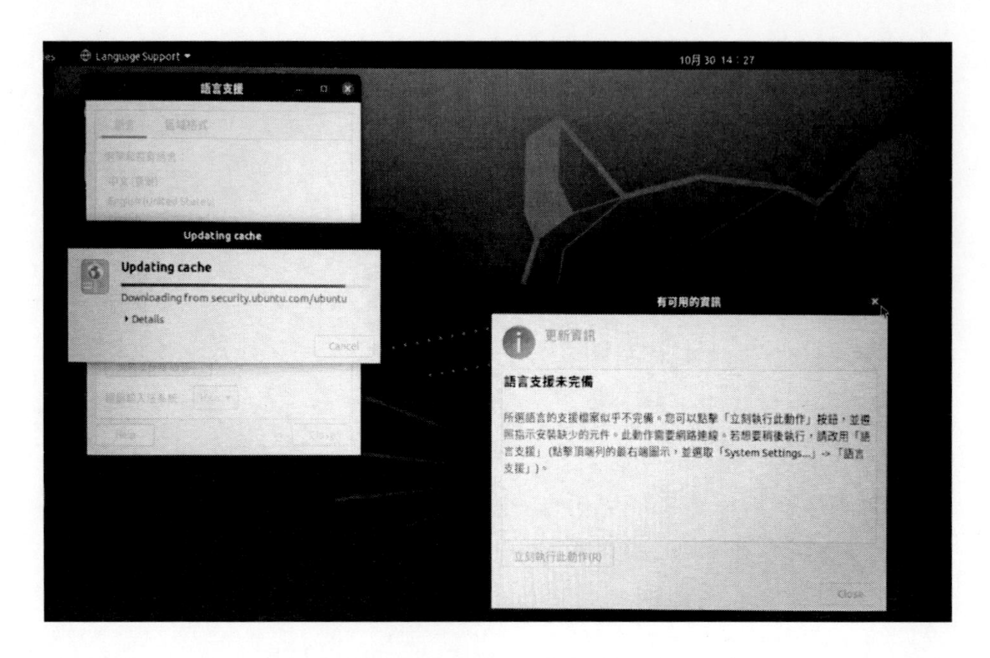

圖 35 Ubuntu 作業系統完成

章節小結

本章主要介紹之安裝 Ubuntu 作業系統，透過一步一步的安裝步驟，相信讀者會對安裝 Ubuntu 作業系統，可以輕易完成，並有更深入的了解與體認。

3
CHAPTER

安裝 GPU 開發環境

由於安裝 Ubuntu 作業系統並不能做甚麼，筆者開始以目前最受歡迎的 Yolo 物件偵測(曹永忠 & 郭耀文, 2020b)的開發環境，進行開發環境的安裝與設定，方能針對人工智慧整合開發環境，做一個基本的認識與測試。

如何安裝 Yolo

一般而言，我們可以在 CPU 中運行 YOLO，也可以在 GPU 加速下運行。所以為了進行 GPU 加速，您可能需要具有 CUDA 核心的基於 Nvidia 的高速圖形顯示卡。

為了達到上面需求，我們必須安裝下列元件：

- Cmake，其版本必須高於 Version 3.8
- CUDA 10.0（使用 GPU 高速顯示卡加速運算）
- OpenCV，其版本必須高於 Version 2.4（對於 CPU 和 GPU）
- CUDA 10.0，cuDNN 其版本必須高於 Version 7.0（對於 GPU）
- OpenMP（用於 CPU）
- 其他依賴項：make，git，g ++

安裝 CMake

第一步，我們需要安裝 Cmake 套件，我們先在 Ubuntu 桌面，開啟一個終端機：

如下圖所示，請讀者輸入『sudo apt install cmake』：

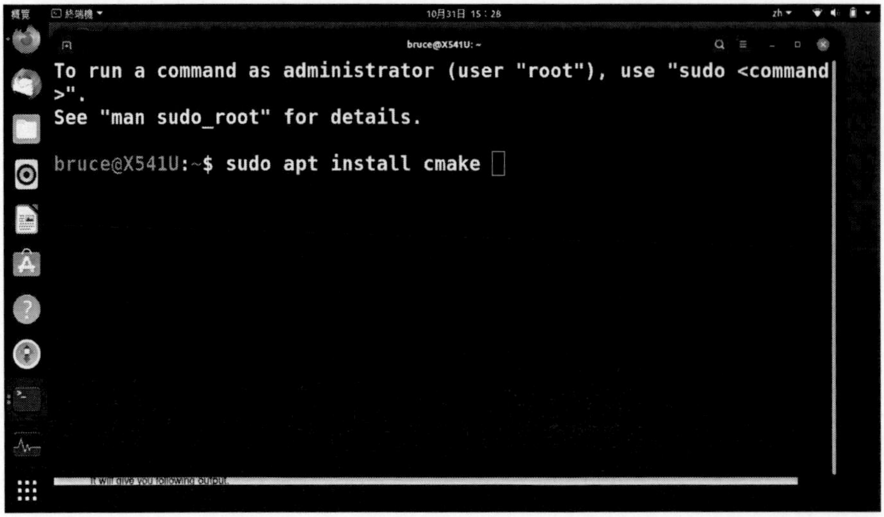

```
To run a command as administrator (user "root"), use "sudo <command
>".
See "man sudo_root" for details.

bruce@X541U:~$ sudo apt install cmake
```

圖 36 在 Ubuntu 安裝 CMake

如下圖所示，請讀者輸入『Yes』，確定安裝：

圖 37 安裝 CMake 畫面

如下圖所示，如果網路沒問題，則會看到 CMake 安裝完成畫面：

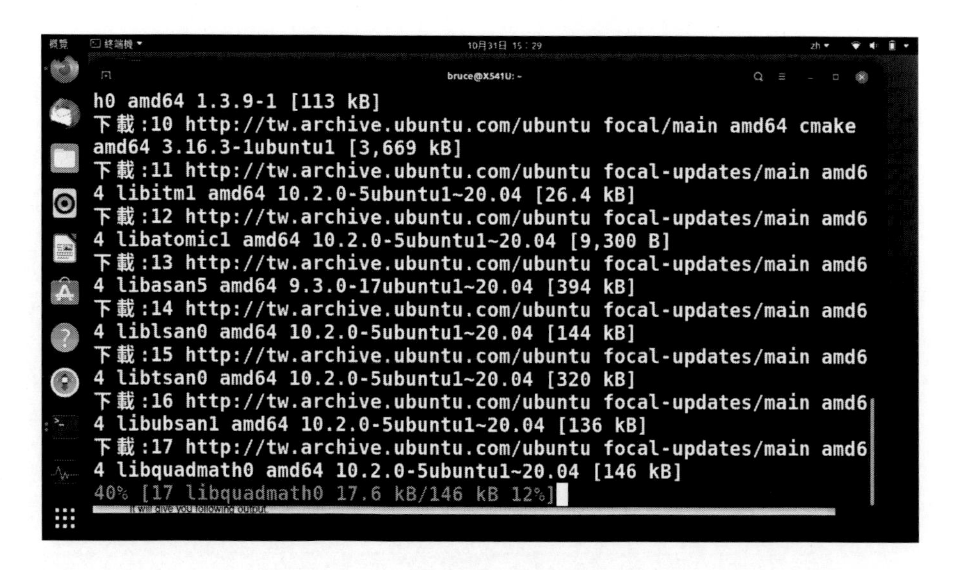

圖 38　CMake 安裝完成畫面

如下圖所示，我們可以檢查您的 CMake 版本，可以使用以下命令，請讀者輸入『cmake --version』：

圖 39 開啟電腦

如下圖所示，可以看到 CMake 版本：

```
設定 libjsoncpp1:amd64 (1.7.4-3.1ubuntu2) ...
設定 libtsan0:amd64 (10.2.0-5ubuntu1~20.04) ...
設定 libctf0:amd64 (2.34-6ubuntu1) ...
設定 libgcc-9-dev:amd64 (9.3.0-17ubuntu1~20.04) ...
設定 cmake (3.16.3-1ubuntu1) ...
設定 libc6-dev:amd64 (2.31-0ubuntu9.1) ...
設定 binutils-x86-64-linux-gnu (2.34-6ubuntu1) ...
設定 binutils (2.34-6ubuntu1) ...
設定 gcc-9 (9.3.0-17ubuntu1~20.04) ...
設定 gcc (4:9.3.0-1ubuntu2) ...
執行 man-db (2.9.1-1) 的觸發程式……
執行 libc-bin (2.31-0ubuntu9.1) 的觸發程式……
bruce@X541U:~$ cmake --version
cmake version 3.16.3

CMake suite maintained and supported by Kitware (kitware.com/cmake)
```

圖 40 CMake 版本

下載並安裝 CUDA 10 工具包

第二步，我們需要下載並安裝 CUDA 10 工具包，我們打開 buntu 桌面的瀏覽器，開啟網址『https://developer.nvidia.com/cuda-toolkit-archive』。

圖 41 CUDA Toolkit Archive 官網

如下圖所示，請讀者選擇對應的版本下載：

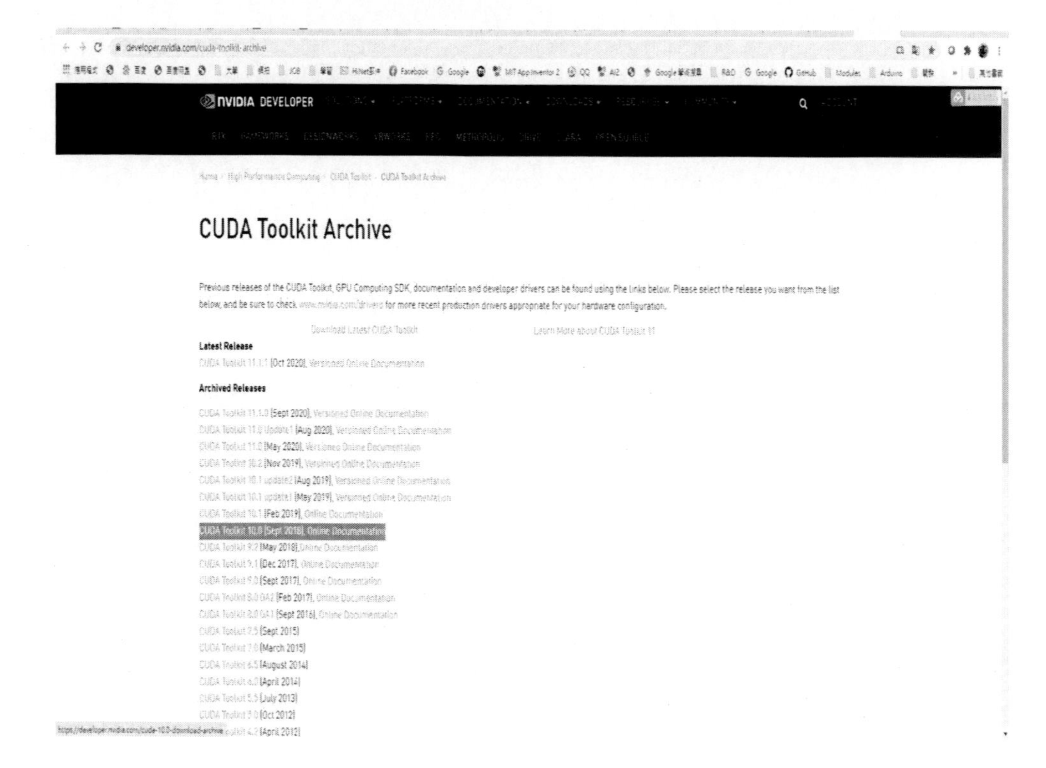

圖 42 選擇對應的版本下載

命令方式安裝 CUDA 10 工具包

對於第二步我們也可以使用命令方式下載並安裝 CUDA 10 工具包，我們打開 buntu 桌面，開啟一個終端機：

如下圖所示，請讀者輸入『sudo apt update』：

圖 43 更新最新狀態

如下圖所示，可以看到系統更新為最新狀態：

圖 44 系統更新為最新狀態

接下來我們安裝 CUDA 套件，如下圖所示，請讀者輸入『sudo apt install nvidia-cuda-toolkit』：

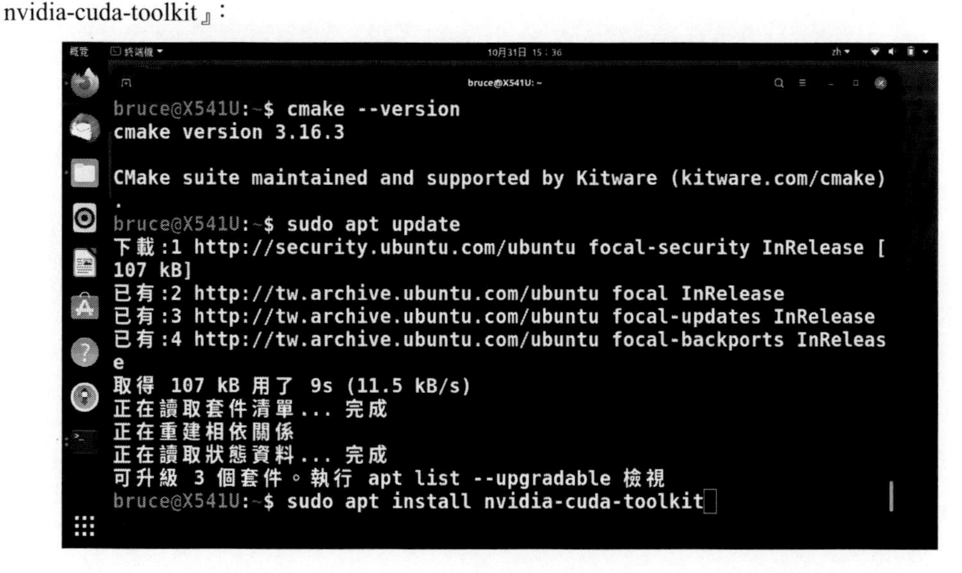

圖 45 開啟電腦

如下圖所示，請讀者輸入『Y』，同意 CUDA 套件：

圖 46 同意 CUDA 套件

如下圖所示，可以看到下載裝 CUDA 套件：

圖 47 下載裝 CUDA 套件

如下圖所示，可以見到完成下載裝 CUDA 套件：

圖 48 完成下載裝 CUDA 套件

如下圖所示，請讀者輸入『nvcc --version』，檢查安裝 CUDA 套件版本：

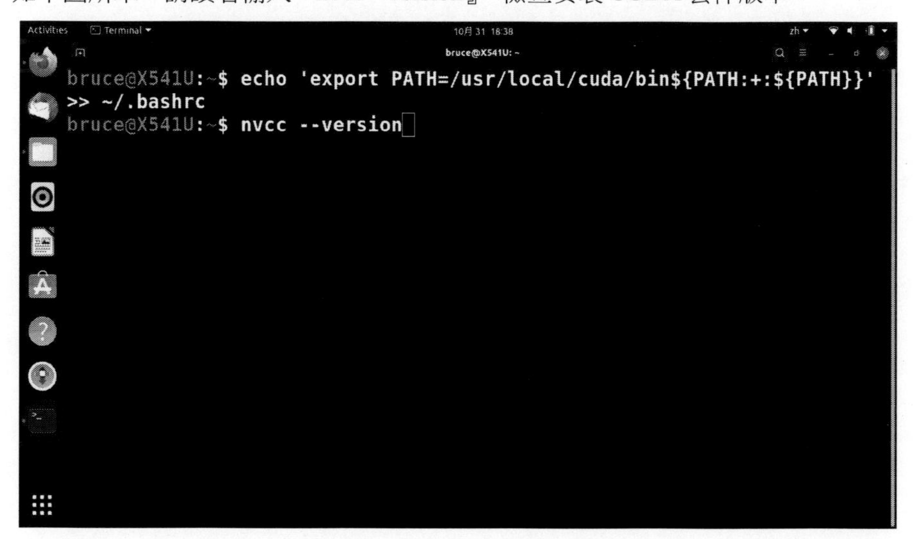

圖 49 檢查 CUDA 套件版本

如下圖所示，可以見到顯示 CUDA 套件版本：

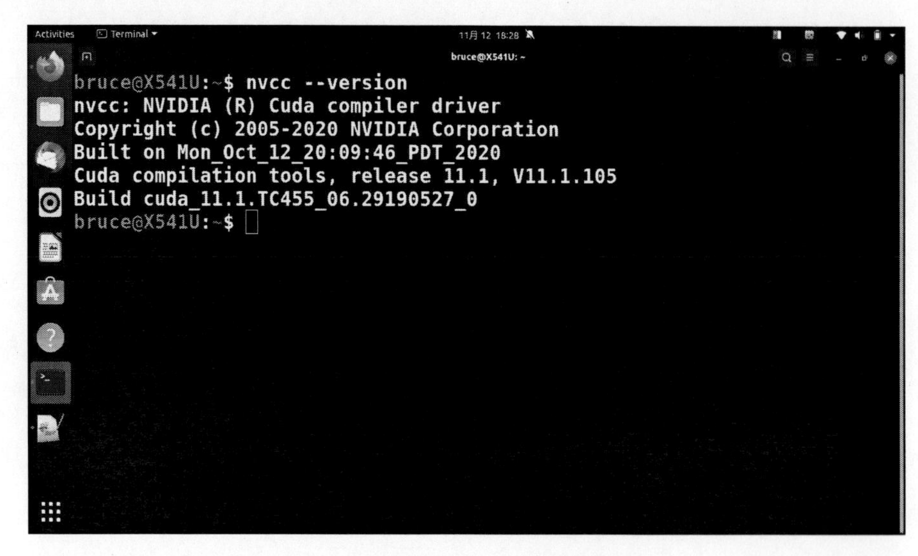

圖 50 顯示 CUDA 套件版本

從 CUDA 存儲庫安裝 CUDA 工具包

對於第三步我們也可以使用命令方式，從 CUDA 存儲庫安裝 CUDA 工具包，我們打開 buntu 桌面，開啟一個終端機：

如下圖所示，請讀者輸入『sudo wget -O/etc/apt/preferences.d/cuda-repository-pin-600 https://developer.download.nvidia.com/compute/cuda/repos/ubuntu1804/x86_64/cuda-ubuntu1804.pin』：

圖 51 取得 CUDA 工具包

如下圖所示，我們可以看到系統已經完成取得 CUDA 工具包：

圖 52 完成取得 CUDA 工具包

如下圖所示，請讀者輸入『sudo apt-key adv --fetch-keys https://developer.download.nvidia.com/compute/cuda/repos/ubuntu1804/x8

6_64/7fa2af80.pub』，加入 CUDA 工具包到保管箱：

圖 53 更改 CUDA 工具包 KEY

如下圖所示，我們完成完成更改 CUDA 工具包 KEY：

圖 54 完成更改 CUDA 工具包 KEY

如下圖所示，請讀者輸入『sudo add-apt-repository“ deb

http://developer.download.nvidia.com/compute/cuda/repos/ubuntu1804/x86_64/”』，加入 CUDA 工具包到保管箱：

圖 55 加入 CUDA 工具包到保管箱

如下圖所示，我們可以看到完成加入 CUDA 工具包到保管箱：

圖 56 完成加入 CUDA 工具包到保管箱

如下圖所示，請讀者輸入『sudo apt install cuda』，安裝 CUDA 工具包：

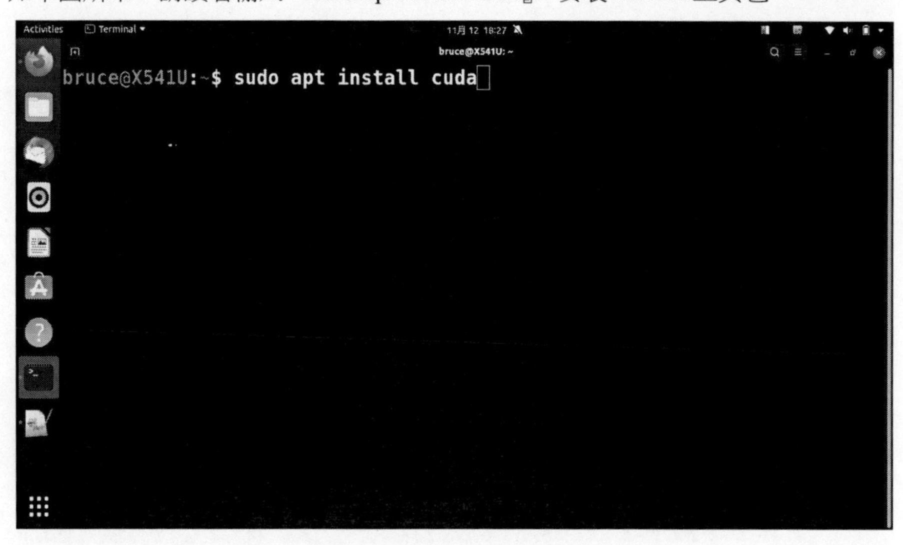

圖 57 安裝 CUDA 工具包

如下圖所示，可以看到完成安裝 CUDA 工具包：

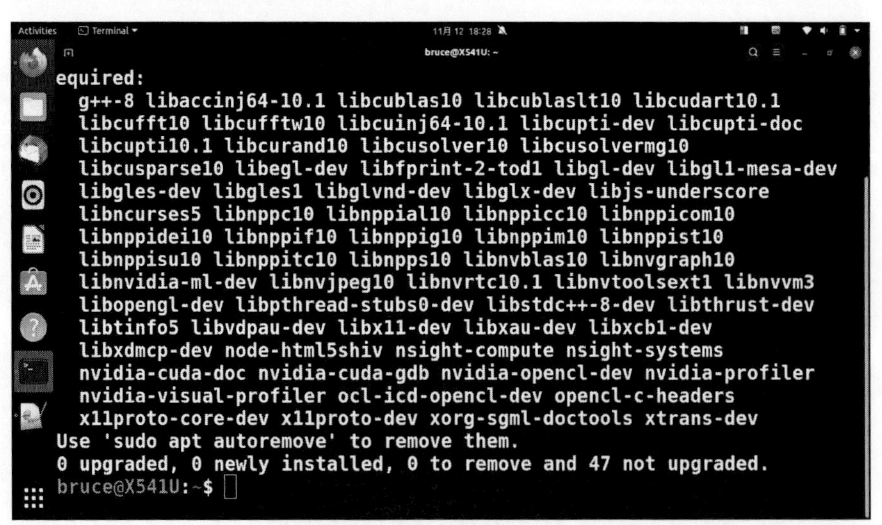

圖 58 完成安裝 CUDA 工具包

如下圖所示，請讀者輸入『sudo echo 'export

PATH=/usr/local/cuda/bin${PATH:+:${PATH}}' >> ~/.bashrc 』，設置路徑為指向 CUDA RunTime 元件：

圖 59 設置路徑為指向 CUDA RunTime 元件

測試 CUDA 是否完成安裝與設定

在接下來測試 CUDA 是否完成安裝與設定，我們先檢查安裝 CUDA 套件版本，確定是否完成。

如下圖所示，請讀者輸入『nvcc --version』，檢查安裝 CUDA 套件版本：

圖 60 檢查 CUDA 套件版本

如下圖所示，可以見到顯示 CUDA 套件版本：

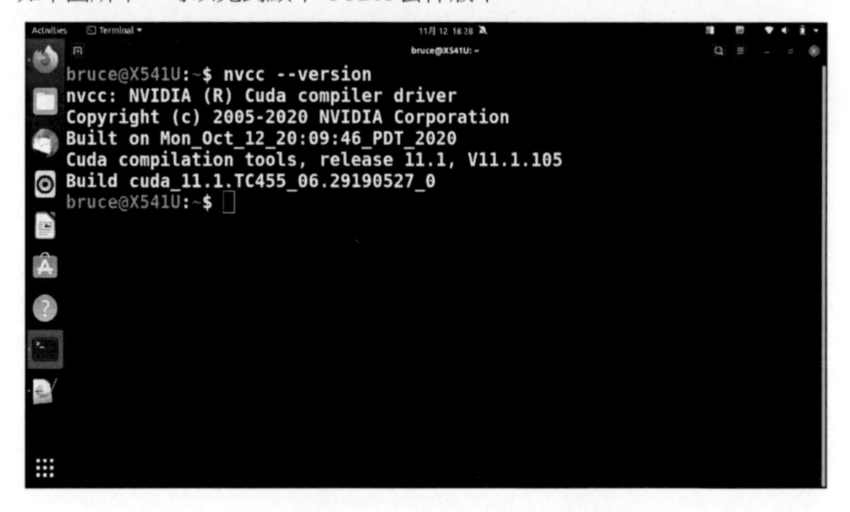

圖 61 顯示 CUDA 套件版本

接下來，由於筆者對於 VI 軟體不太熟悉，所以筆者選用 Notepad 對++軟體，對於這個軟體安裝有問題的讀者，請參閱 yuchenn Lin 的文章：如何在 Ubuntu 系統上安裝 Notepad ++ (Install Notepad++ On Ubuntu 16.04 / 17.10 / 18.04)(LIn, 2020)，進行安裝。

第四步我們也可以使用Notepad對++軟體，編輯一個文件，其名稱為『hello.cu』：

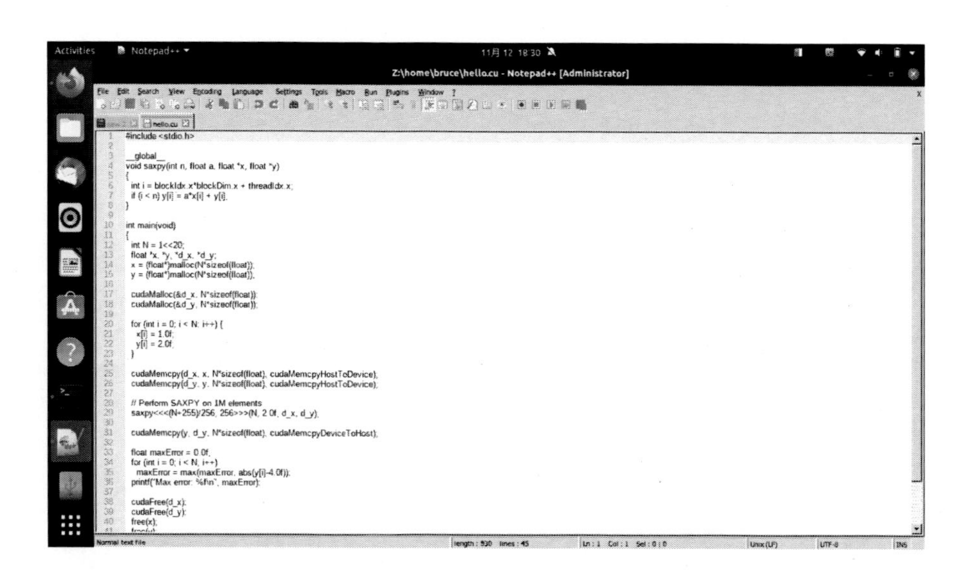

圖 62 用 Notepad 軟體編輯 hello.cu

用 Notepad 軟體編輯 hello.cu，其內容如下表：

表 1　測試 CUDA 套件之測試程式

hello.cu(測試 CUDA 套件之測試程式)
#include <stdio.h>
__global__
void saxpy(int n, float a, float *x, float *y)
{
int i = blockIdx.x*blockDim.x + threadIdx.x;
if (i < n) y[i] = a*x[i] + y[i];
}
int main(void)
{

```
  int N = 1<<20;
  float *x, *y, *d_x, *d_y;
  x = (float*)malloc(N*sizeof(float));
  y = (float*)malloc(N*sizeof(float));

  cudaMalloc(&d_x, N*sizeof(float));
  cudaMalloc(&d_y, N*sizeof(float));

  for (int i = 0; i < N; i++) {
    x[i] = 1.0f;
    y[i] = 2.0f;
  }

  cudaMemcpy(d_x, x, N*sizeof(float), cudaMemcpyHostToDevice);
  cudaMemcpy(d_y, y, N*sizeof(float), cudaMemcpyHostToDevice);

  // Perform SAXPY on 1M elements
  saxpy<<<(N+255)/256, 256>>>(N, 2.0f, d_x, d_y);

  cudaMemcpy(y, d_y, N*sizeof(float), cudaMemcpyDeviceToHost);

  float maxError = 0.0f;
  for (int i = 0; i < N; i++)
    maxError = max(maxError, abs(y[i]-4.0f));
  printf("Max error: %f\n", maxError);

  cudaFree(d_x);
  cudaFree(d_y);
  free(x);
  free(y);
}
```

程式碼：https://github.com/brucetsao/AI_Course

接下來，我們使用 nvccNvidia CUDA 編譯器，進行編譯 hello.cu 文件程式碼，並執行新編譯的 hello 二進位文件。

如下圖所示，請讀者輸入『nvcc -o hello hello.cu』，編譯的 hello.cu：

圖 63 編譯的 hello.cu

如下圖所示，請讀者輸入『./hello』，加入 CUDA 工具包到保管箱：

圖 64 執行新編譯的 hello 二進位文件

如下圖所示，我們可以看到 hello 二進位文件執行結果，如果沒有任何問題，代表 CUDA 套件已安裝且設定完成：

圖 65 hello 二進位文件執行結果

安裝 OpenCV

第五步，我們需要安裝 OpenCV 套件，我們先在 Ubuntu 桌面，開啟一個終端機：

如下圖所示，請讀者輸入『sudo apt install libopencv-dev python3-opencv』：

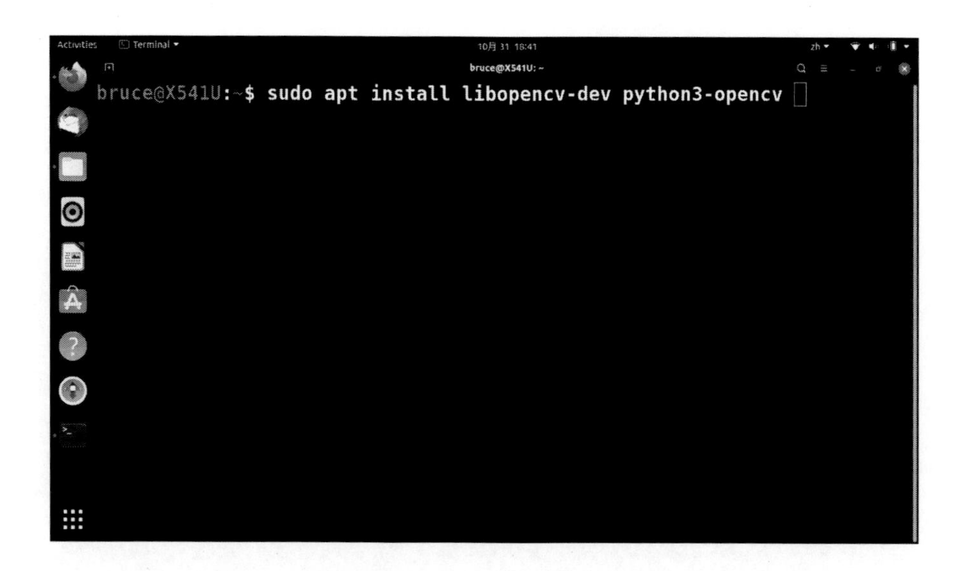

圖 66 安裝 OpenCV 套件

如下圖所示，請讀者輸入超級使用者密碼：

圖 67 輸入超級使用者密碼

如下圖所示，請讀者同意安裝 OpenCV 套件：

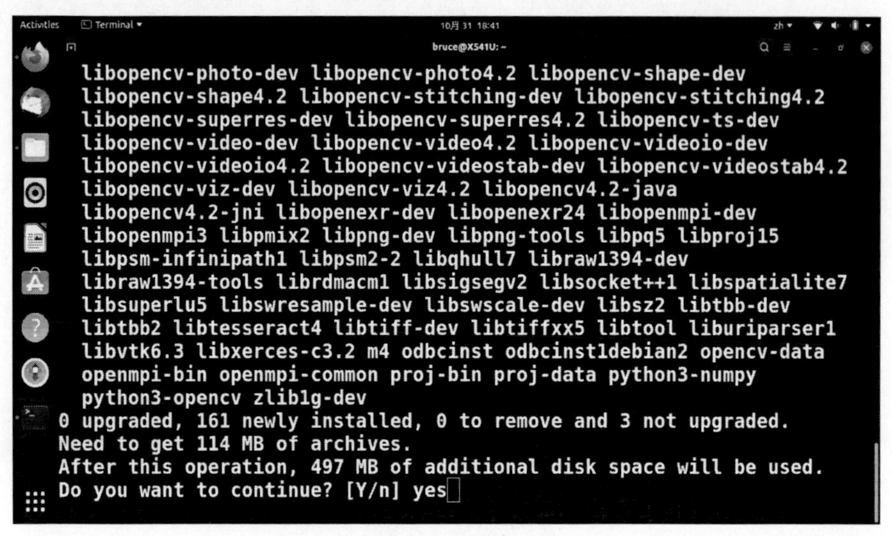

圖 68 同意安裝 OpenCV 套件

如下圖所示，可以見到安裝 OpenCV 套件完成：

圖 69 安裝 OpenCV 套件完成

如下圖所示，請讀者輸入『opencv_version』，檢查 OpenCV 套件版本：

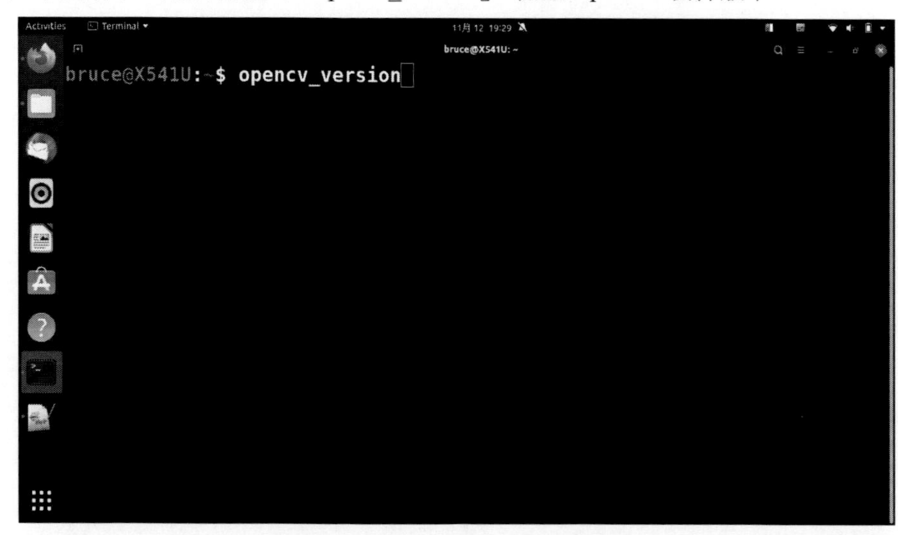

圖 70 檢查 OpenCV 套件版本

如下圖所示，可以看到顯示 OpenCV 套件版本：

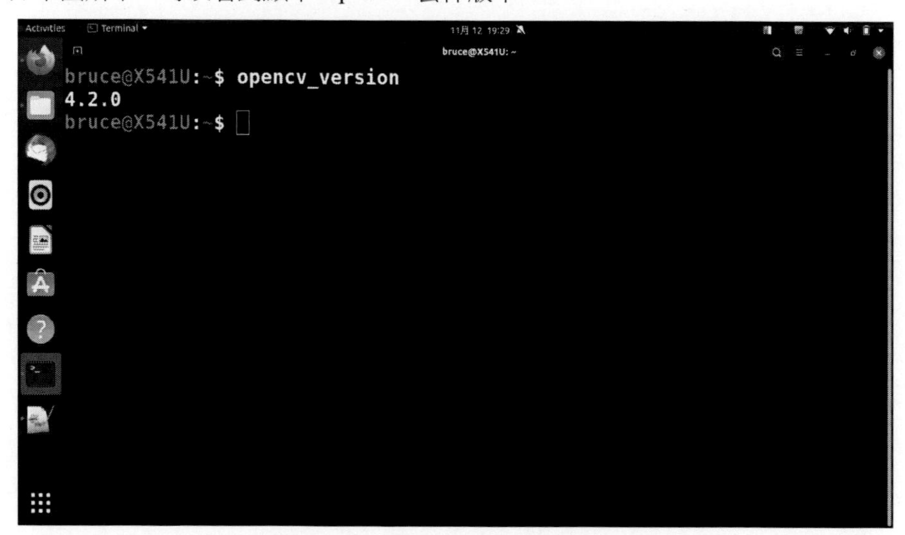

圖 71 顯示 OpenCV 套件版本

安裝 cuDNN

第六步，我們需要安裝 cuDNN 套件，我們先在 Ubuntu 桌面，開啟一個終端機：

如下圖所示，請讀者打開瀏覽器，在網址列輸入：『https://developer.nvidia.com/cudnn』，進到了 NVIDIA cuDNN 網站：

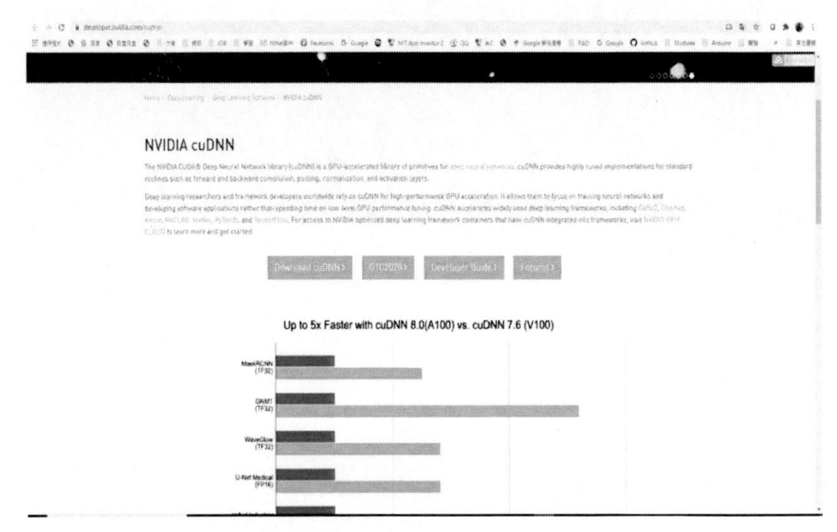

圖 72 NVIDIA cuDNN 網站

如下圖所示，請讀者在 NVIDIA cuDNN 網站，點選下載 cuDNN：

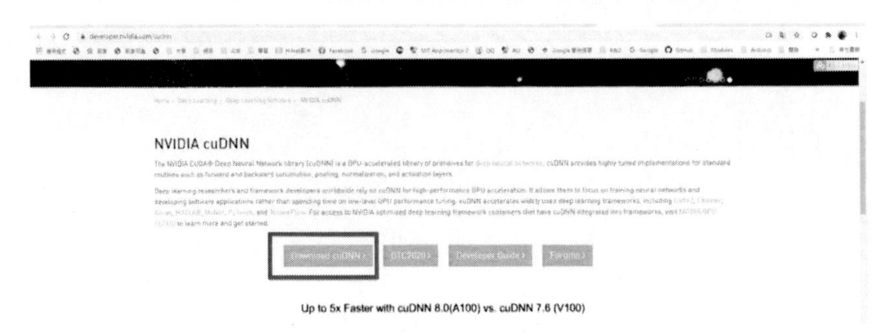

圖 73 點選下載 cuDNN

由於 NVIDIA cuDNN 網站需要註冊會員，方能下載套件，這裡就不再介紹 NVIDIA cuDNN 網站註冊會員，登入會員等流程，請讀者依照 NVIDIA cuDNN 網站註冊會員，登入會員等程序，自行完成。

下圖所示，請讀者打開瀏覽器，登錄 NVIDIA cuDNN 網站後，在網址列輸入：『https://developer.nvidia.com/rdp/cudnn-download』，進到了 NVIDIA cuDNN 下載網站：

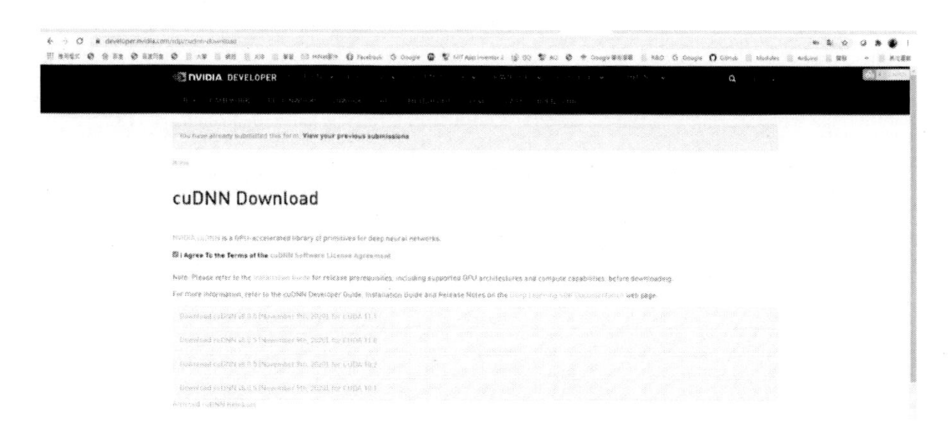

圖 74 NVIDIA cuDNN 下載網站

如下圖所示，筆者選擇『Download cuDNN v8.0.5 (November 9th, 2020), for CUDA 10.1』，為本文範例下載：

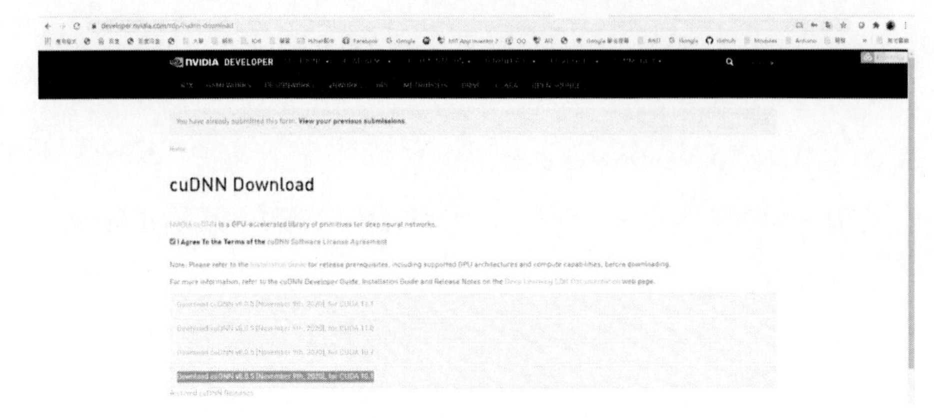

圖 75 選擇要下載版本

如下圖所示，我們選擇『cuDNN Runtime Library for Ubuntu18.04 (Deb)、cuDNN Developer Library for Ubuntu18.04 (Deb)、cuDNN Code Samples and User Guide for Ubuntu18.04 (Deb)』，三組套件，進行下載：

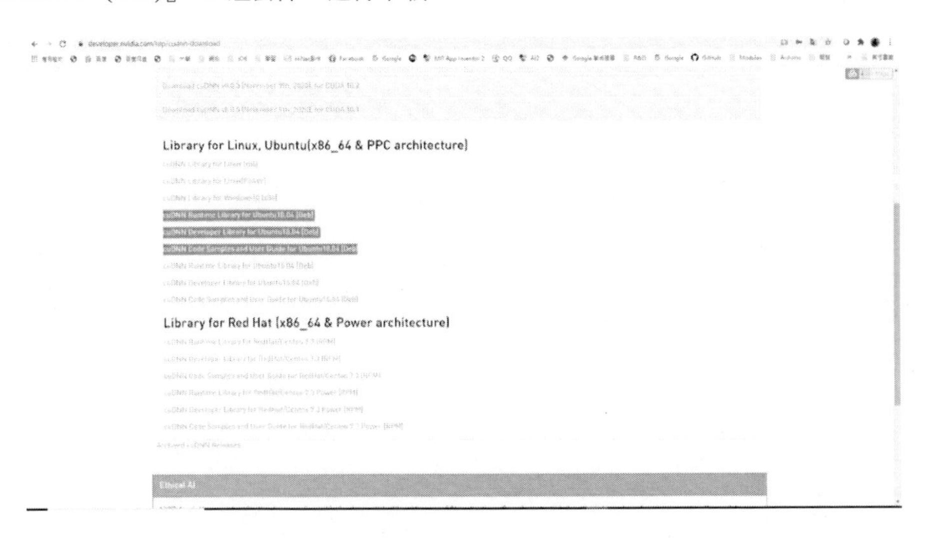

圖 76 下載三套 cuDNN 套件

如下圖所示，請讀者打開檔案總管，進入下載三套 cuDNN 套件之暫存目錄：

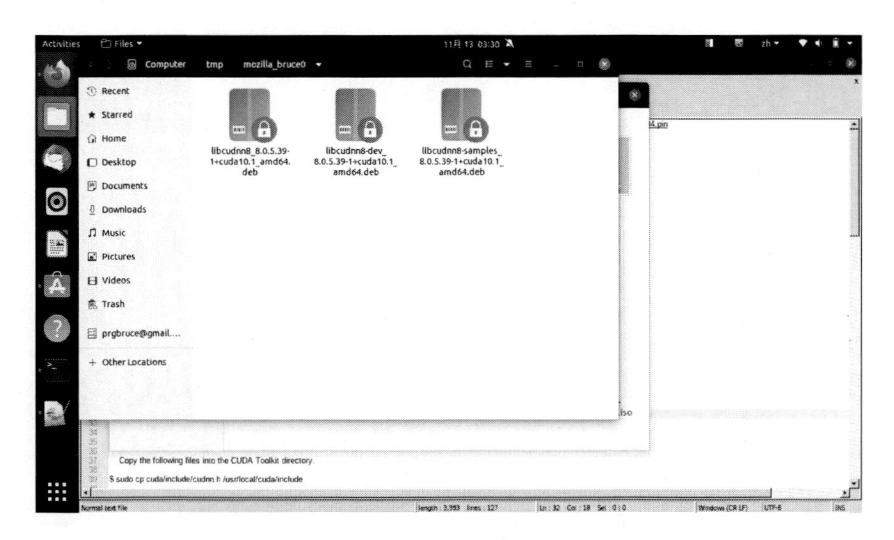

圖 77 打開下載三套 cuDNN 套件之暫存目錄

如下圖所示，用終端機進入下載三套 cuDNN 套件之暫存目錄：

圖 78 用終端機進入下載三套 cuDNN 套件之暫存目錄

如下圖所示，接上圖，在終端機輸入：『sudo dpkg -i libcudnn8_8.0.5.39-1+cuda10.1_amd64.deb』，安裝 cuDNN runtime 套件：

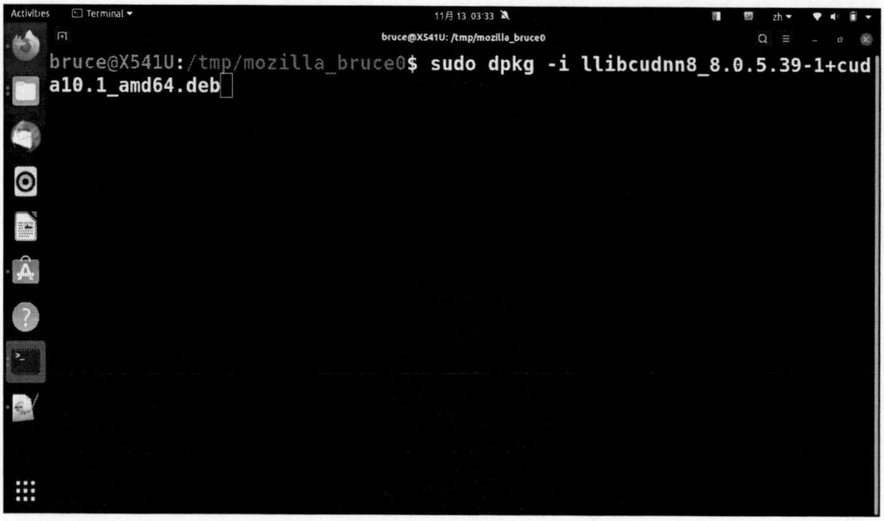

圖 79 安裝 cuDNN runtime 套件

如下圖所示，完成安裝 cuDNN runtime 套件：

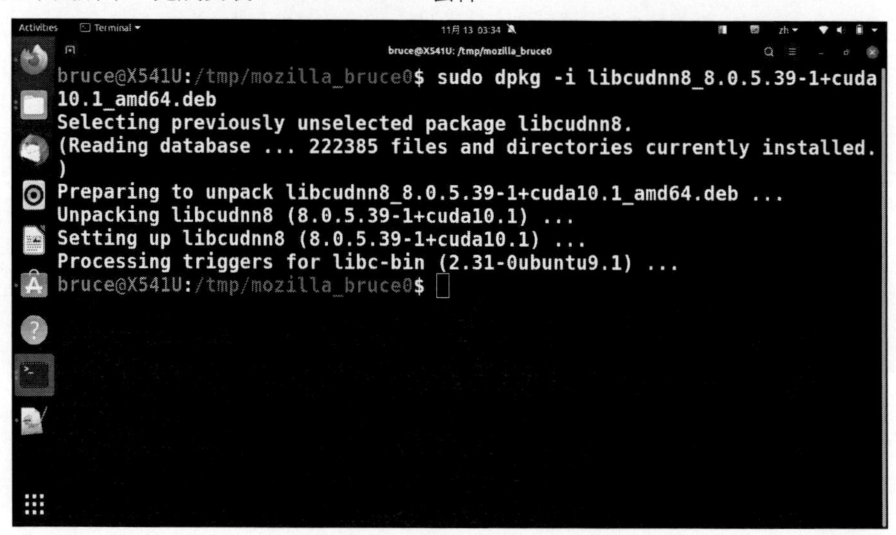

圖 80 完成安裝 cuDNN runtime 套件

如下圖所示，接上圖，在終端機輸入：『sudo dpkg -i libcudnn8-dev_8.0.5.39-1+cuda10.1_amd64.deb』，安裝 cuDNN 開發者套件：

圖 81 安裝 cuDNN 開發者套件

如下圖所示，完成安裝 cuDNN 開發者套件：

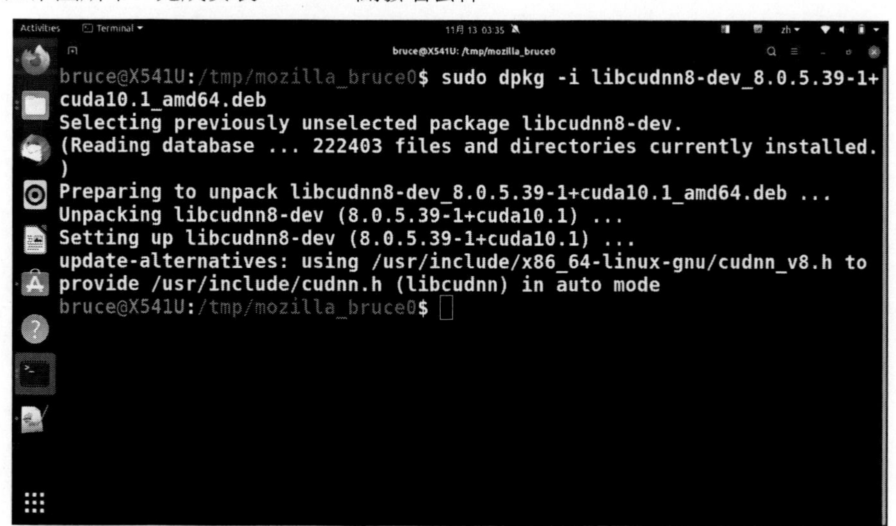

圖 82 完成安裝 cuDNN 開發者套件

如下圖所示，接上圖，在終端機輸入：『sudo dpkg -i

libcudnn8-samples_8.0.5.39-1+cuda10.1_amd64.deb』，安裝 cuDNN 範例套件：

圖 83 安裝 cuDNN 範例套件

如下圖所示，完成安裝 cuDNN 範例套件：

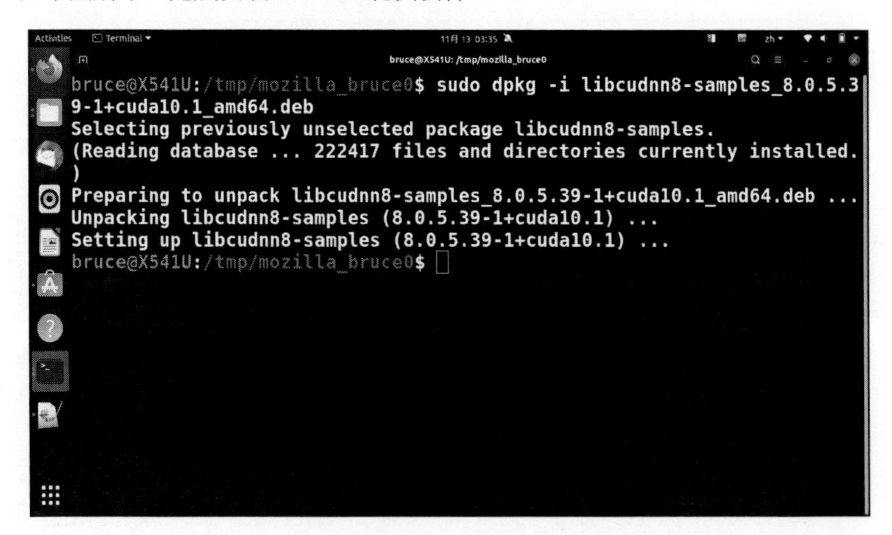

圖 84 完成安裝 cuDNN 範例套件

驗證安裝之 cuDNN 套件

如下圖所示，接上圖，在終端機輸入：『cp -r /usr/src/cudnn_samples_v7/ $HOME』，拷貝 cuDNN 範例：

圖 85 拷貝 cuDNN 範例

如下圖所示，接上圖，在終端機輸入：『cd $HOME/cudnn_samples_v7/mnistCUDNN』，進入 cuDNN 範例目錄：

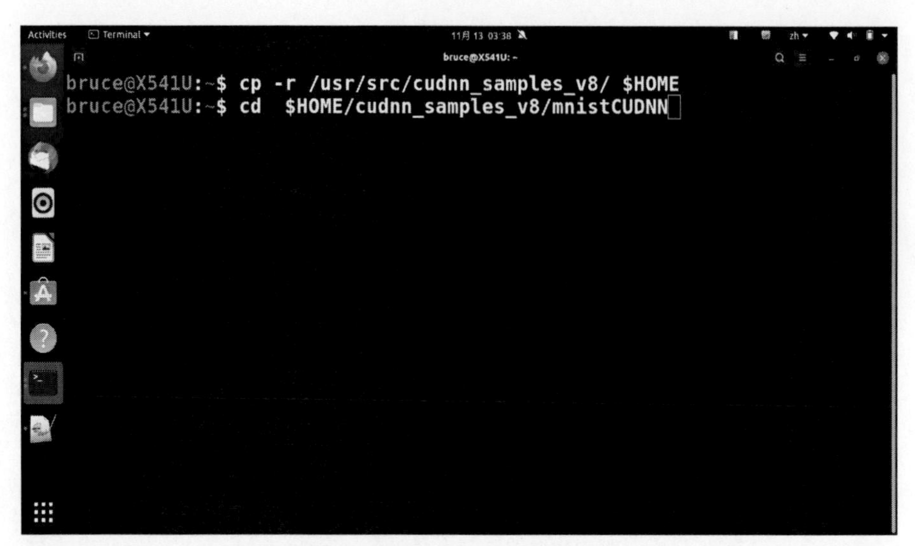

圖 86 進入 cuDNN 範例目錄

如下圖所示，接上圖，在終端機輸入：『make clean && make』，編譯 cuDNN 範例：

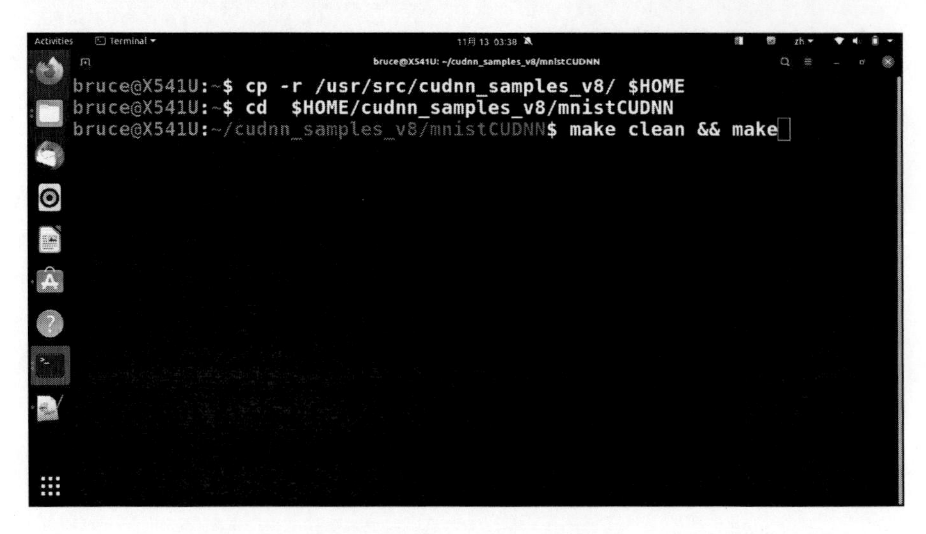

圖 87 編譯 cuDNN 範例

如下圖所示，接上圖，在終端機輸入：『./mnistCUDNN』，測試執行 cuDNN 範例：

圖 88 測試執行 cuDNN 範例

如下圖所示，接上圖，可以看到編譯 cuDNN 範例，已經通過測試：

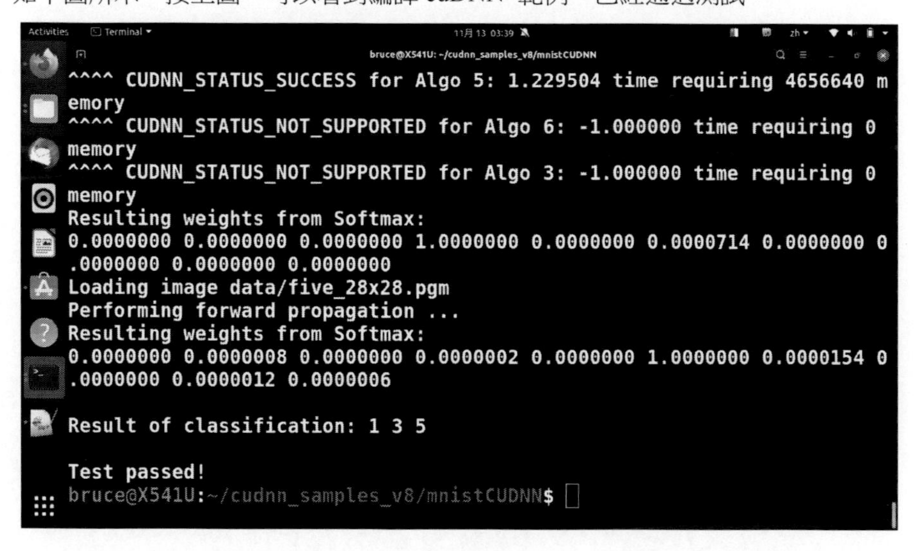

圖 89 通過測試

安裝 OpenMP

第七步，我們需要安裝 OpenMP 套件，我們先在 Ubuntu 桌面，開啟一個終端機：

如下圖所示，請讀者輸入『sudo apt install libomp-dev』：

圖 90 安裝 OpenMP 套件

如下圖所示，請讀者輸入『Yes』，完成安裝 OpenMP 套件：

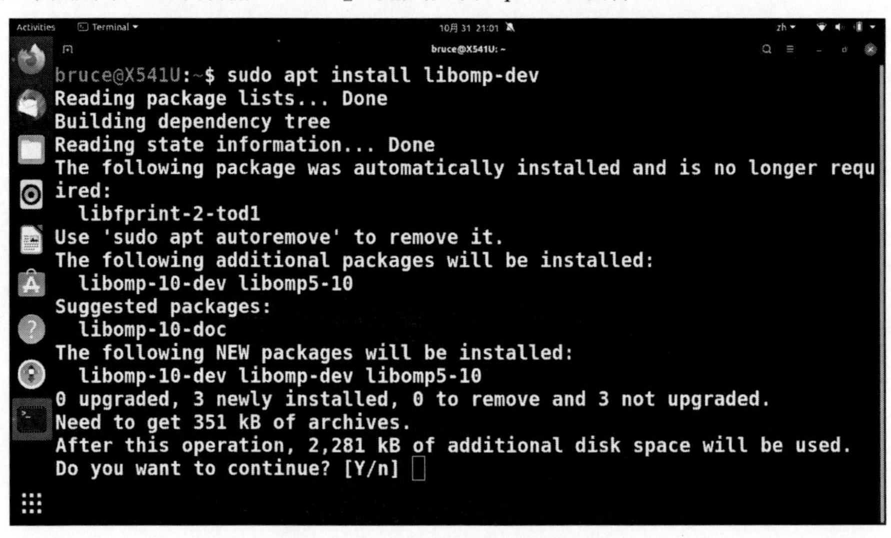

圖 91 完成安裝 OpenMP 套件

如下圖所示，可以見到已完成安裝 OpenMP 套件：

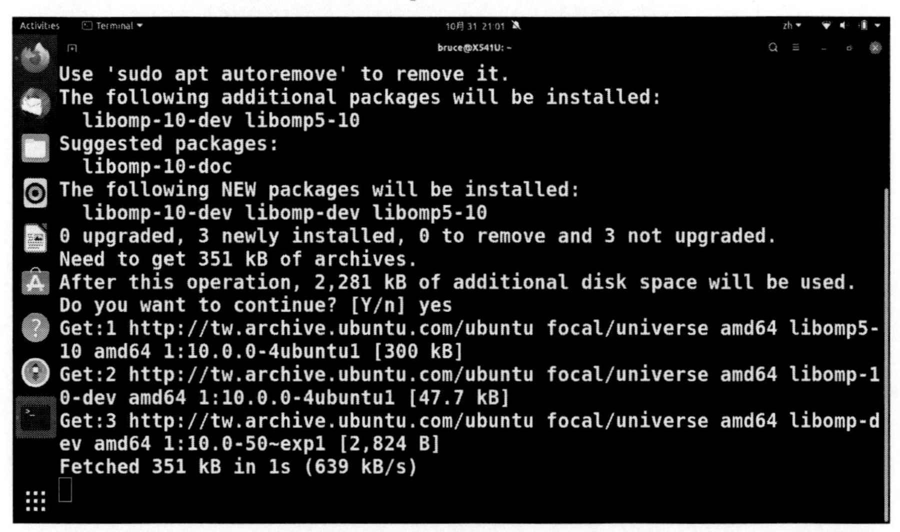

圖 92 已完成安裝 OpenMP 套件

章節小結

本章主要介紹之 Yolo 物件偵測的開發環境，相信介紹透過本章節的解說，相信讀者會對 Yolo 物件偵測的開發環境安裝，有更深入的了解與體認。

4
CHAPTER

測試環境安裝與設定

為了進行測試，我們需要 Darknet 套件，而下載這個套件，我們需要安裝 git。

安裝 git

第一步，我們需要安裝 git 套件，我們先在 Ubuntu 桌面，開啟一個終端機：

如下圖所示，請讀者輸入『sudo apt install make git g++』，安裝 git ++套件：

圖 93 安裝 git ++套件

如下圖所示，請讀者輸入超級使用者密碼，方能安裝 git ++套件：

圖 94 輸入密碼

如下圖所示，可以看到 git ++套件安裝完畢：

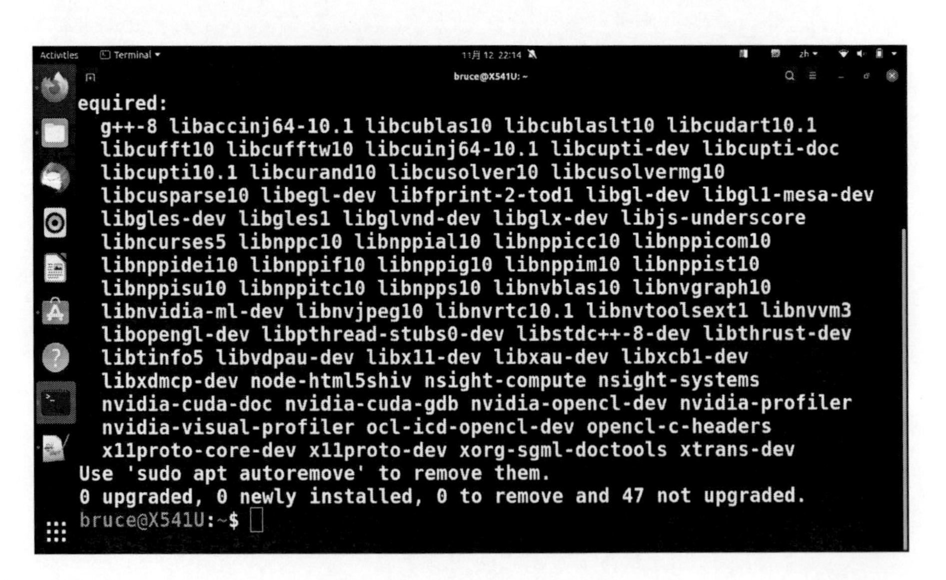

圖 95 git ++套件安裝完畢

下載 Yolo 4 套件

為了進行測試，我們需要 Darknet 套件，如下圖所示，請讀者輸入『git clone https://github.com/AlexeyAB/darknet』，下載 Darknet 套件：

圖 96 下載 Darknet 套件

如下圖所示，系統開始下載 Darknet 套件：

圖 97 開始下載 Darknet 套件

如下圖所示，完成下載 Darknet 套件：

```
bruce@X541U:~$ git clone https://github.com/AlexeyAB/darknet
Cloning into 'darknet'...
remote: Enumerating objects: 14370, done.
remote: Total 14370 (delta 0), reused 0 (delta 0), pack-reused 14370
Receiving objects: 100% (14370/14370), 13.09 MiB | 1.06 MiB/s, done.
Resolving deltas: 100% (9771/9771), done.
bruce@X541U:~$
```

圖 98 完成下載 Darknet 套件

重建 Yolo 4 套件

為了進行測試，我們需要重建 Darknet 套件，如下圖所示，請讀者先進入使用者的家：

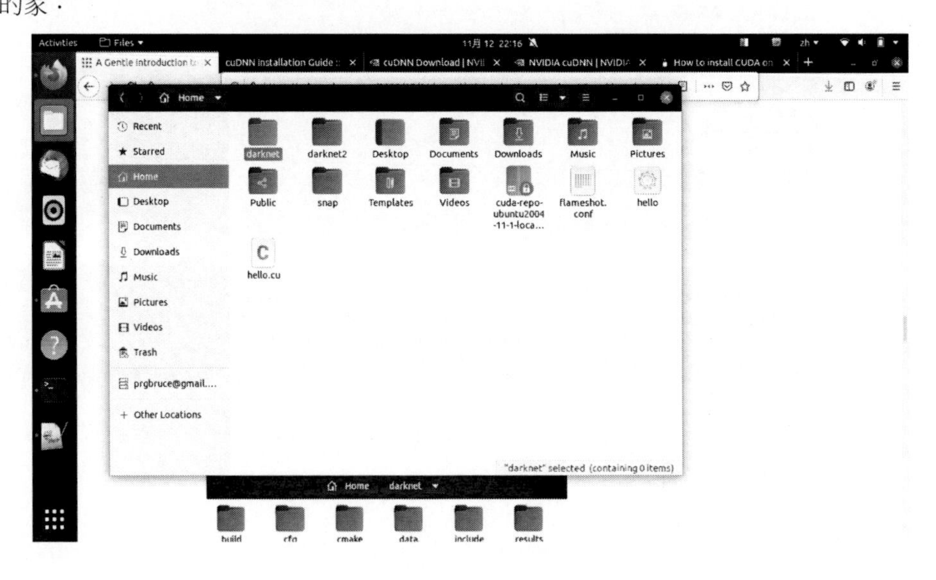

圖 99 進入使用者的家

如下圖所示，請讀者進入 draknet 目錄：

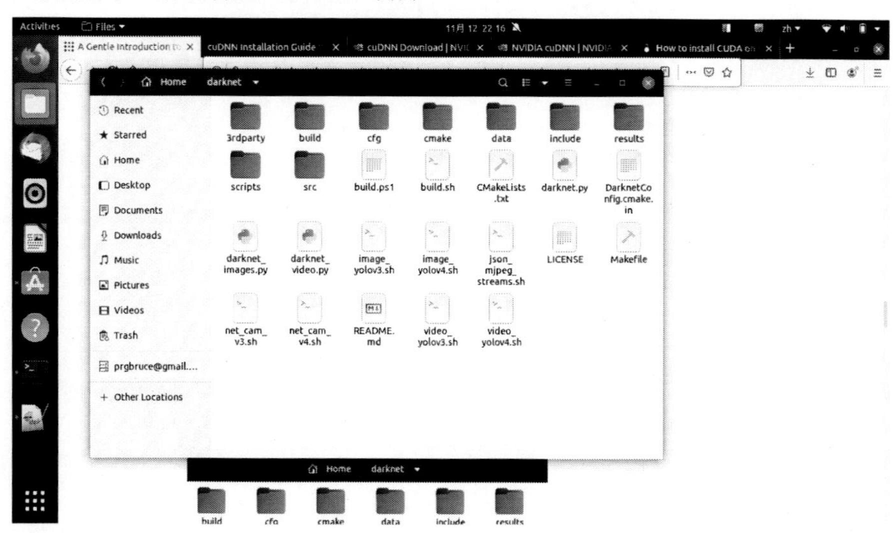

圖 100 進入 draknet 目錄

如下圖所示，請讀者選擇 Makefile：

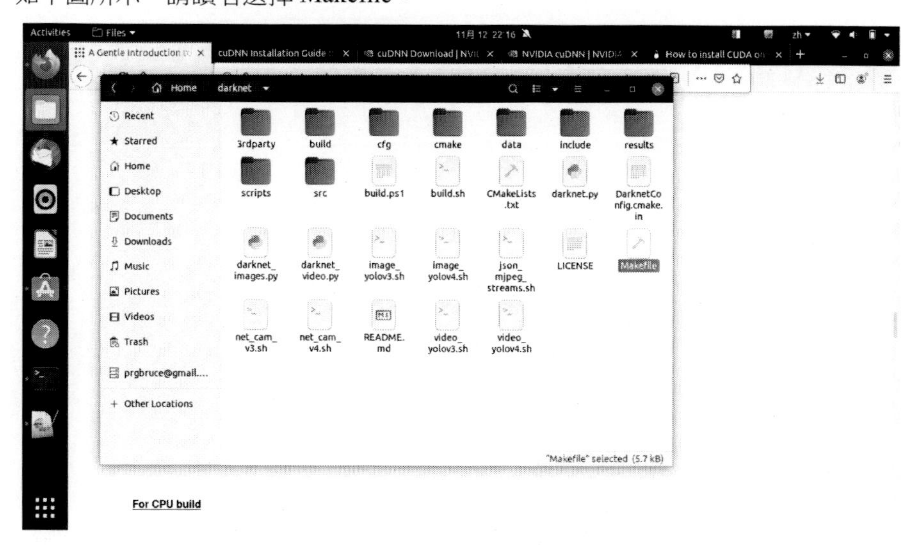

圖 101 選擇 Makefile

如下圖所示，請讀者『使用 Notepad ++』，開啟 Makefile：

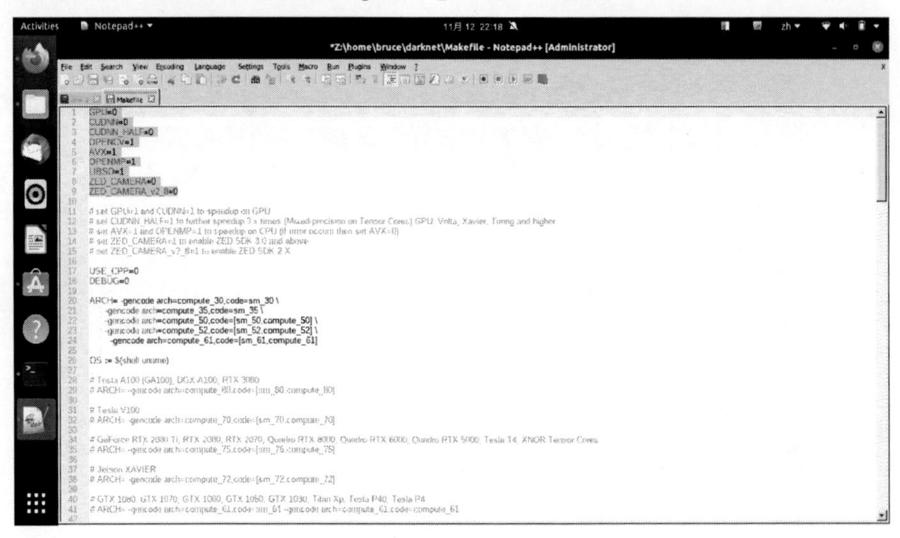

圖 102 開啟 Makefile

如下圖所示，如果沒有 GPU，請將下表內容，拷貝到下圖所示之處，之後請存檔：

表 2 單純使用 CPU

單純使用 CPU
GPU=0 CUDNN=0 CUDNN_HALF=0 OPENCV=1 AVX=1 OPENMP=1 LIBSO=1 ZED_CAMERA=0 ZED_CAMERA_v2_8=0

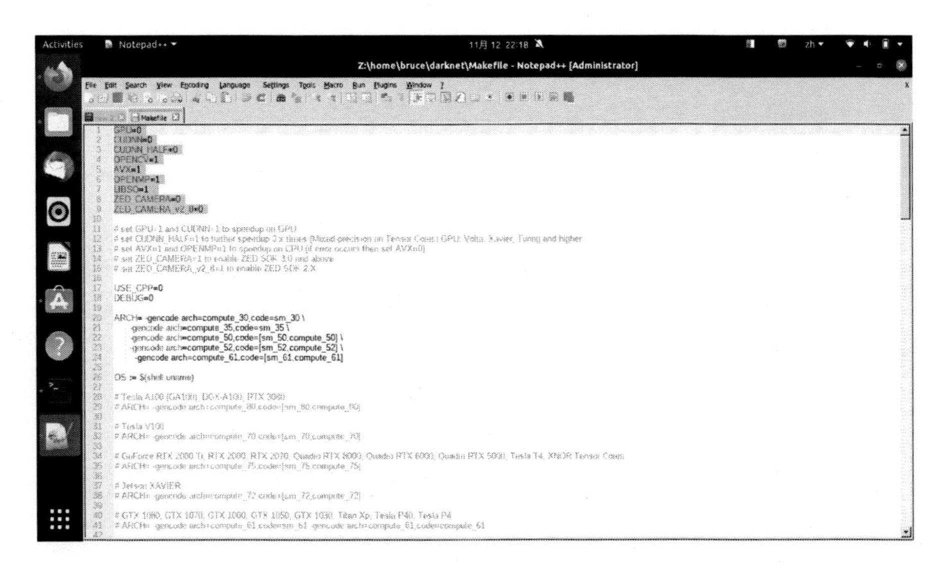

圖 103 單純使用 CPU_拷貝的內容

如下圖所示，如果使用 GPU，請將下表內容，拷貝到下圖所示之處，之後請存檔：

表 3 使用 GPU

使用 GPU
GPU=1 CUDNN=1 CUDNN_HALF=1 OPENCV=1 AVX=0 OPENMP=0 LIBSO=1 ZED_CAMERA=0 ZED_CAMERA_v2_8=0

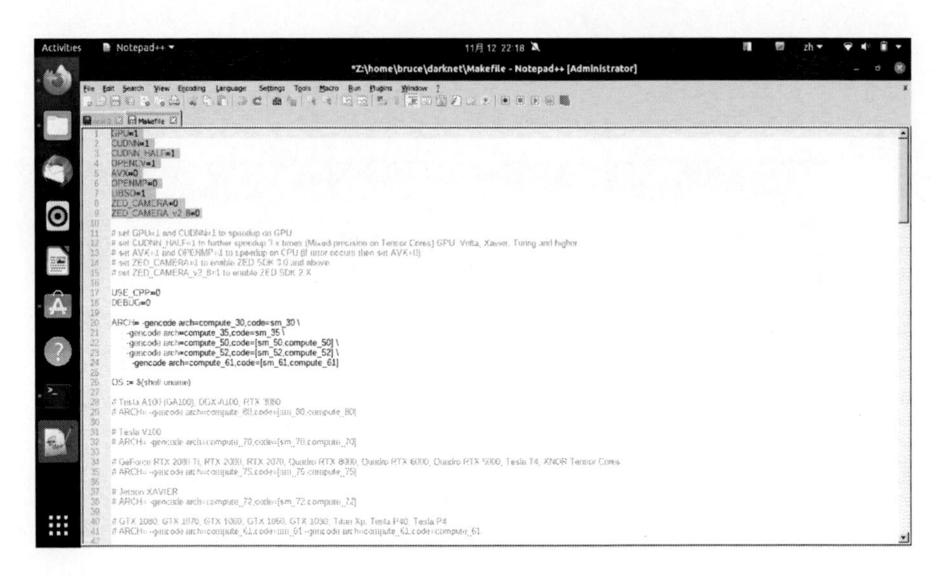

圖 104 使用 GPU_拷貝的內容

如下圖所示，請讀者進入『darknet』目錄，：

圖 105 進入 darknet 目錄

如下圖所示，請讀者輸入『make』，重建 Darknet 套件：

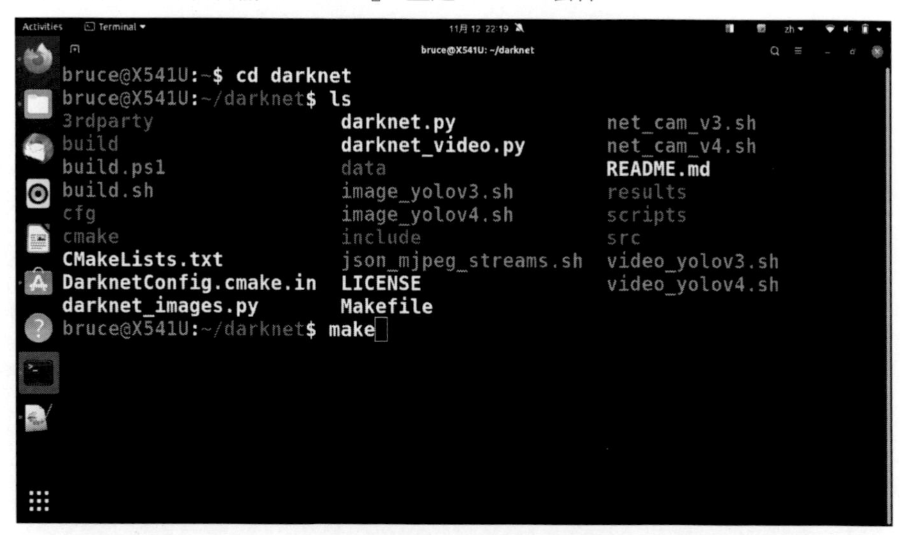

圖 106 重建 Darknet 套件

如下圖所示，可以看到重建 Darknet 套件中：

圖 107 重建 Darknet 套件中

如下圖所示，完成重建 Darknet 套件：

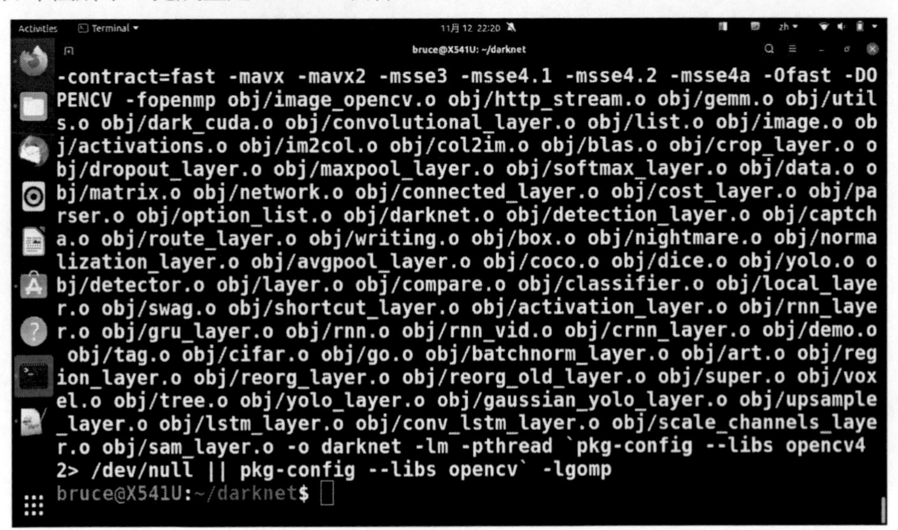

圖 108 完成重建 Darknet 套件

如下圖所示，請讀者打開『darknet』目錄：

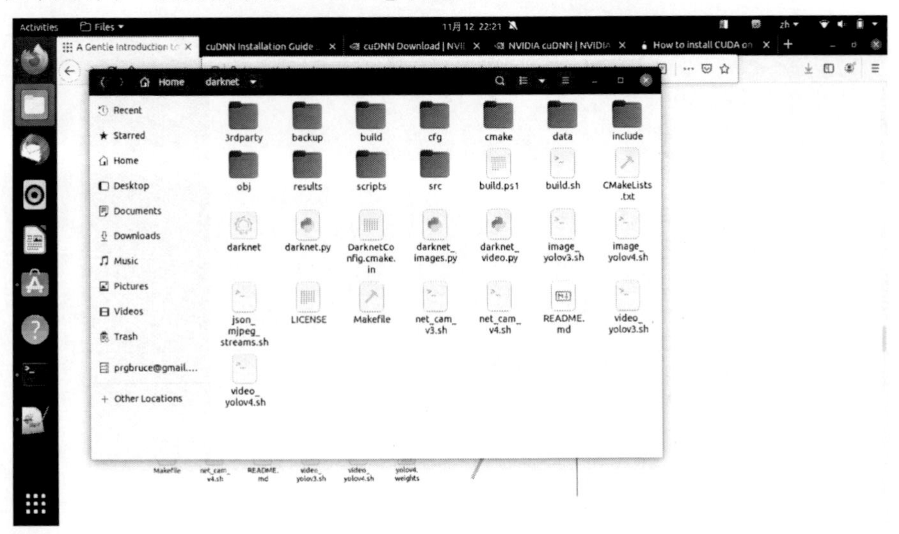

圖 109 再打開 darknet 目錄

如下圖所示，請讀者查看『darknet，libdarknet』兩個檔案，是否存在 darknet 目錄下：

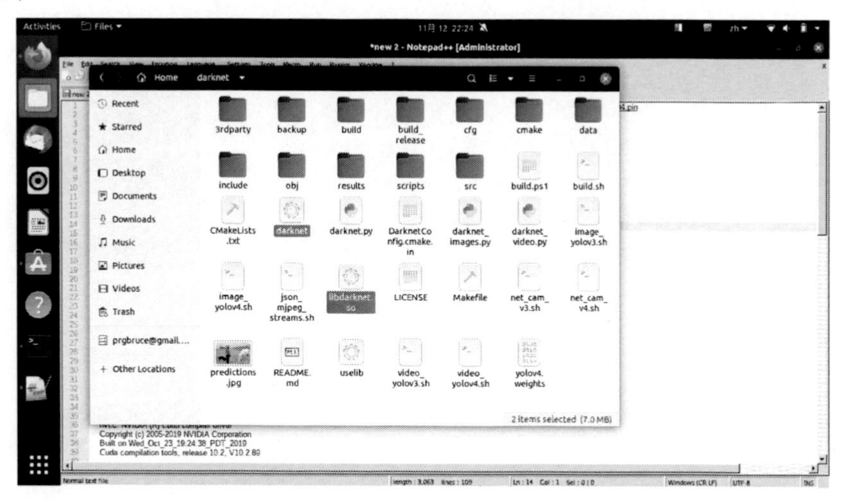

圖 110 兩個檔案是否存在 darknet 目錄下

使用 CMake 重建 Yolo 4 套件

為了進行測試，我們還必須使用 CMake 重建 Darknet 套件如下圖所示，請讀者進入『darknet』目錄：

圖 111 進入 darknet 目錄

如下圖所示，請讀者輸入『mkdir build_release』，建立 build_release 目錄：

圖 112 建立 build_release 目錄

如下圖所示，請讀者輸入『ls』，查看是否建立 build_release 目錄成功：

圖 113 查看是否建立 build_release 目錄成功

如下圖所示，請讀者輸入『cd build_release』，進入 build_release 目錄：

圖 114 進入 build_release 目錄

如下圖所示，請讀者輸入『cmake ..』，使用 Cmake 建立 Darknet 套件：

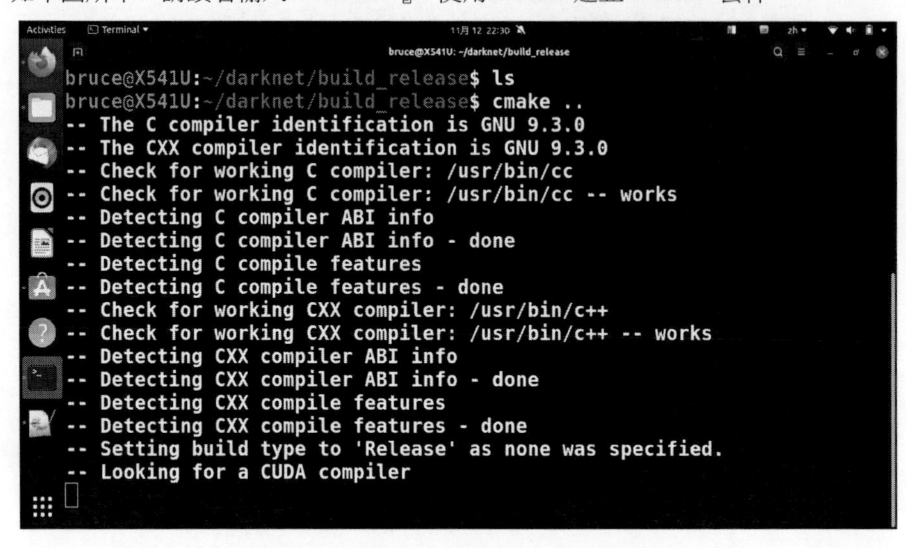

圖 115 使用 Cmake 建立 Darknet 套件

如下圖所示，請讀者輸入『make』，建立新的 Darknet 套件：

圖 116 建立新的 Darknet 套件

如下圖所示，完成建立新的 Darknet 套件：

```
gned int' [-Wsign-compare]
  192 |              int max_width = (text_size.width > i.w + 2) ? text_
size.width : (i.w + 2);
      |
/home/bruce/darknet/src/yolo_console_dll.cpp:201:62: warning: compariso
n of integer expressions of different signedness: 'const int' and 'unsi
gned int' [-Wsign-compare]
  201 |          int const max_width_3d = (text_size_3d.width > i.w + 2)
? text_size_3d.width : (i.w + 2);
      |

/home/bruce/darknet/src/yolo_console_dll.cpp:183:15: warning: unused va
riable 'colors' [-Wunused-variable]
  183 |      int const colors[6][3] = { { 1,0,1 },{ 0,0,1 },{ 0,1,1 },{
0,1,0 },{ 1,1,0 },{ 1,0,0 } };
      |
[100%] Linking CXX executable uselib
[100%] Built target uselib
bruce@X541U:~/darknet/build_release$
```

圖 117 完成建立新的 Darknet 套件

如下圖所示，請讀者進入『build_release』目錄，查看新 darknet 套件是否產生：

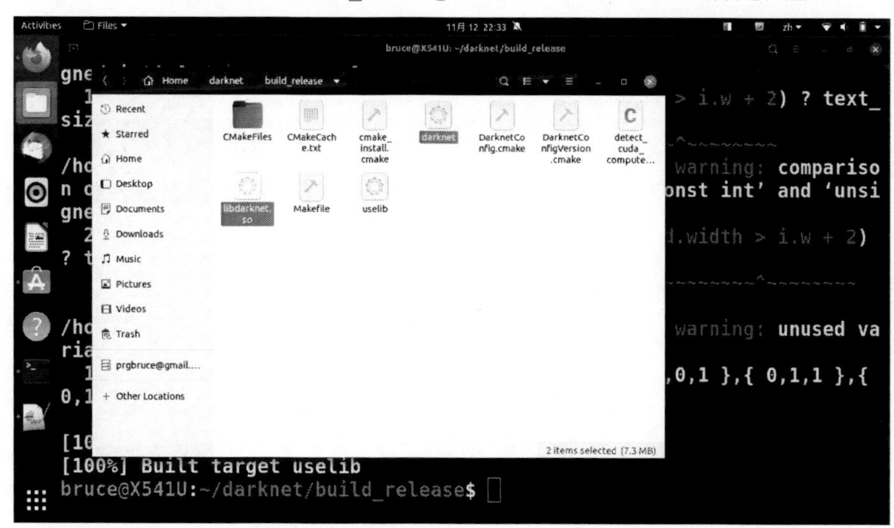

圖 118 查看新 darknet 套件是否產生

如下圖所示，請讀者將看新 darknet 套件，從『build_release』目錄複製到上層

『darknet』目錄，完成新 darknet 套件建置：

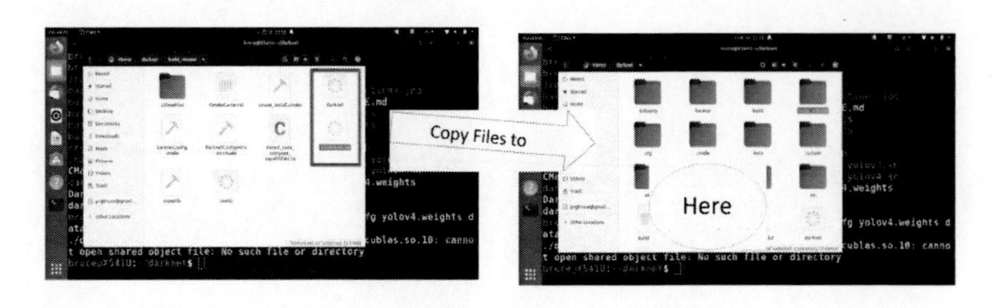

圖 119 完成新 darknet 套件建置

下載官方 Yolo 4 已建置模型

為了進行測試，我們還必須使用訓練好的模型，由於一切尚未完備，所以我們先下載官方 Yolo 4 已建置模型。

如下圖所示，我們使用瀏覽器，請讀者在網址列輸入『https://drive.google.com/file/d/1cewMfusmPjYWbrnuJRuKhPMwRe_b9PaT/view』，看到下圖所示之官方 yolov4.weights：

圖 120 官方 yolov4.weights

如下圖所示，請讀者下載官方 yolov4.weights：

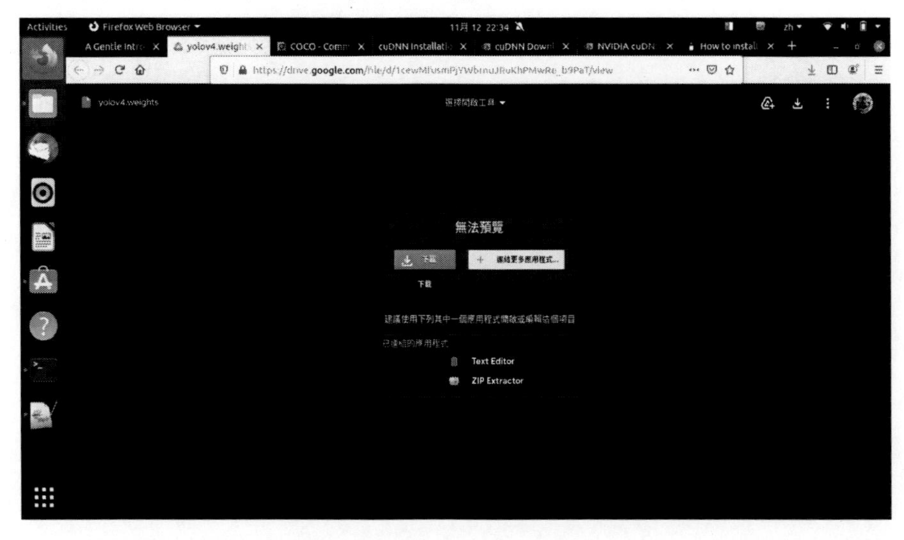

圖 121 下載官方 yolov4.weights

如下圖所示，請讀者儲存官方 yolov4.weights：

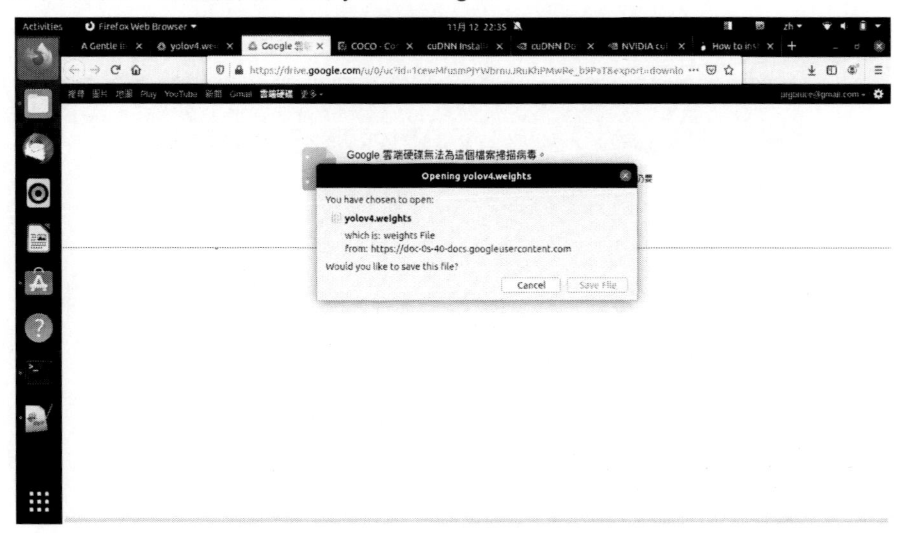

圖 122 儲存官方 yolov4.weights

如下圖所示，請讀者查看官方 yolov4.weights 下載情形：

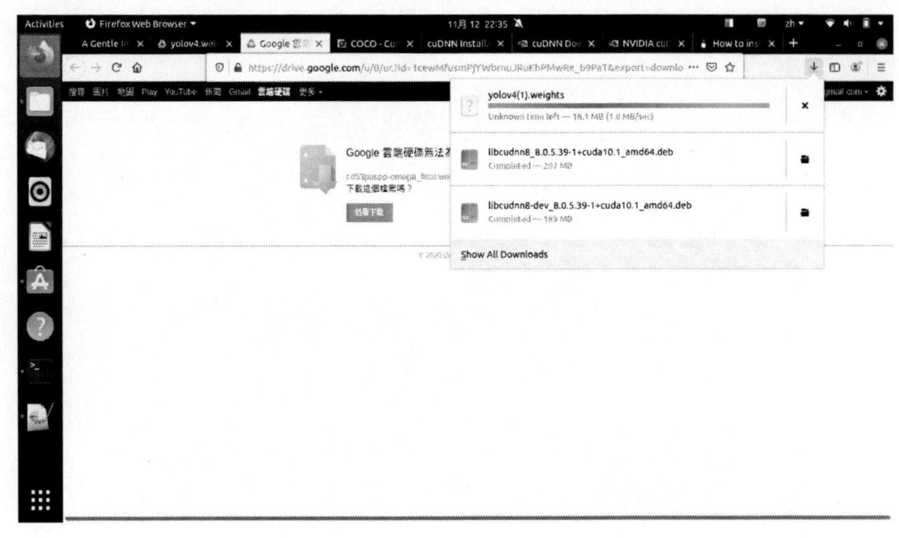

圖 123 查看官方 yolov4.weights 下載情形

如下圖所示，請讀者進入『Downloads』目錄，確認是否完成官方 yolov4.weights 下載：

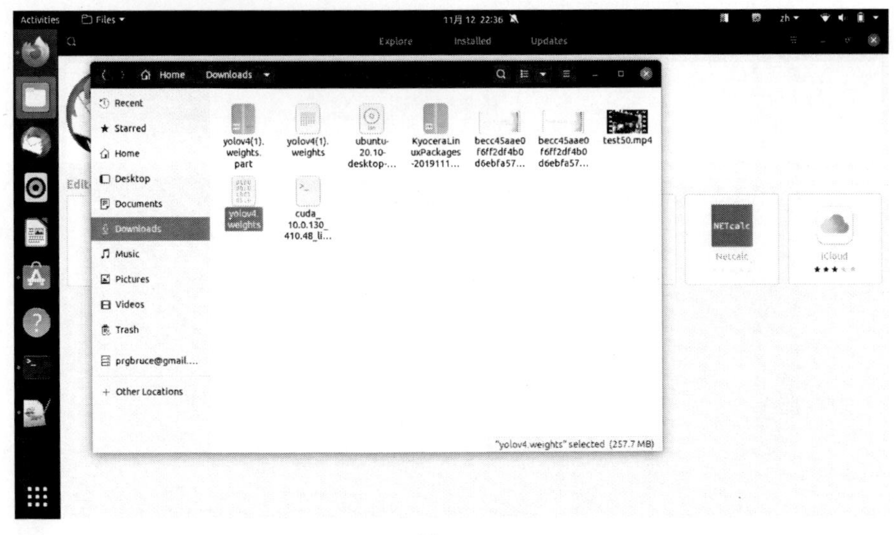

圖 124 開啟 Makefile

如下圖所示，請讀者將『yolo4.weights』，複製到 darknet 目錄：

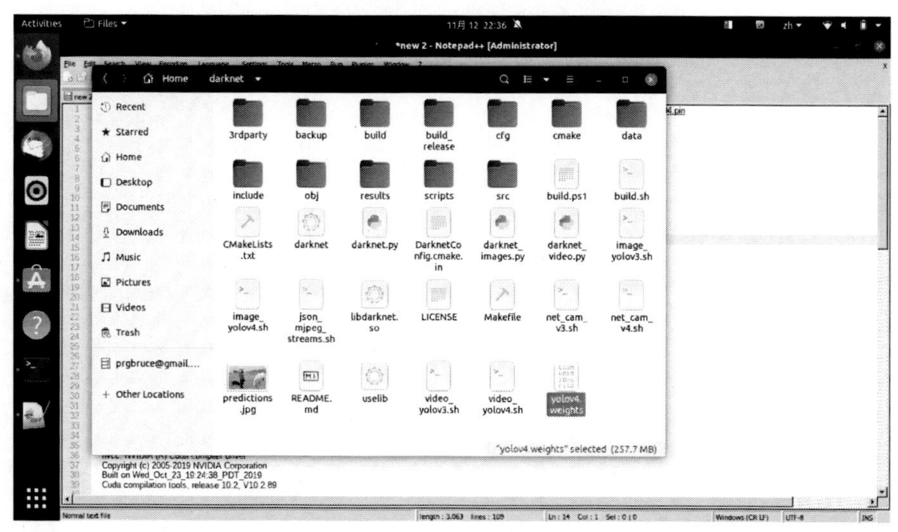

圖 125 將 yolov4.weights 複製到 darknet 目錄

章節小結

本章主要介紹之安裝 Yolo4 開發環境與對應套件 darknet 相關套件，透過本章節的解說，相信讀者會對 Yolo4 開發環境安裝與設定，有更深入的了解與體認。

5
CHAPTER

進行 Yolo 測試

接下來，為了測試人工智慧開發機器之 GPU 與相關硬體建置是否可以運行，筆者特別在本章安排一些基本的測試。

官方圖片測試

第一步，我們進行官方圖片測試，我們先在 Ubuntu 桌面，開啟一個終端機：

為了進行測試，我們請讀者進入『darknet』目錄，如下圖所示，可以見到下列圖示：

圖 126 進入 darknet 目錄

如下圖所示，請讀者輸入『./darknet detector test cfg/coco.data cfg/yolov4.cfg yolov4.weights data/person.jpg』，如下圖所示，可以見到下列圖示：

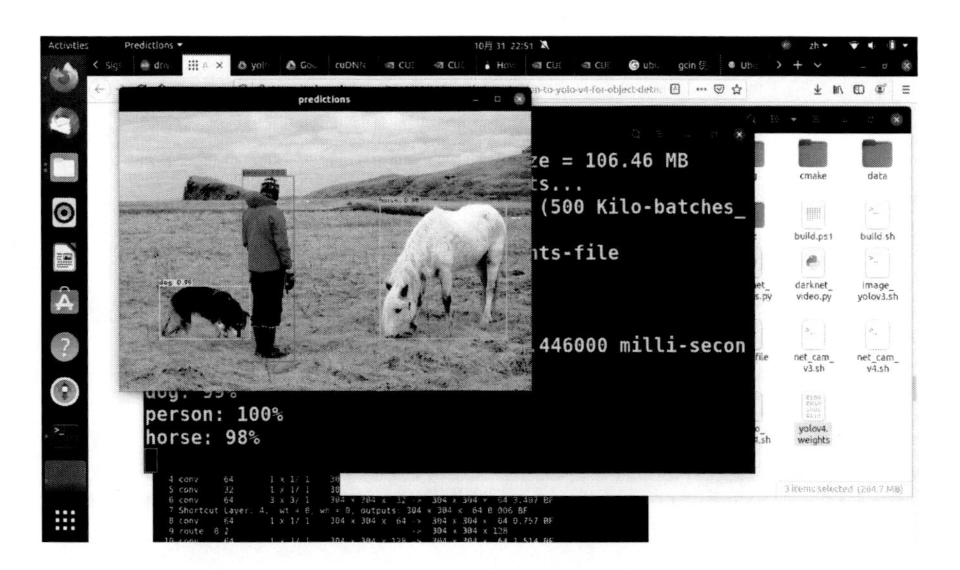

圖 127 官方人與動物辨識

實際攝影機現場測試

接下來，筆者用安裝的機器與機器上 WebCamera 進行動態捕抓與辨識：

為了進行測試，我們請讀者輸入『./darknet detector demo cfg/coco.data cfg/yolov4.cfg yolov4.weights -c 0』，如下圖所示，可以機器可以驅動 WebCamera 進行動態捕抓與辨識，並可以看到筆者可以辨識為人類：

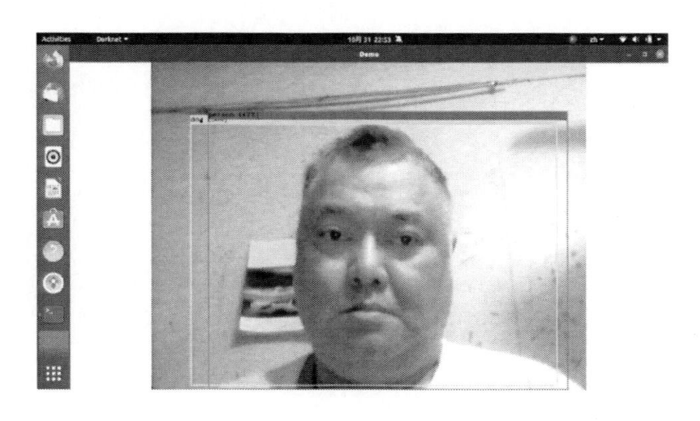

圖 128 使用 WebCamera 進行動態捕抓與辨識

如下圖所示，機器可以看到筆者後方的書籍，並可以辨識為 book：

圖 129 使用 WebCamera 進行動態辨識書籍

如下圖所示，機器可以看到筆者手拿的遙控器，並可以辨識為 remote：

圖 130 使用 WebCamera 進行動態捕抓與辨識辨識遙控器

章節小結

本章主要介紹之 Yolo 4 之物件偵測的簡單圖片與影片與攝影機，進行人像、物件等簡單的辨識，測驗後我們已經完成人工智慧開發之機器硬體建置等工作。過本章節的解說，相信讀者已經躍躍欲試，想要開始進入人工智慧開發的大門。

本書總結

這幾年來，人工智慧無異是最熱門的議題，各種的應用無不一一崛起，人臉辨識整合到門禁、環境監控等，物件辨識整合到無人結帳櫃檯、農產品品質監控、環境監控等、X 光片、生理切片等生醫應用更是如火如荼的興起。但是有經驗的開發者、學者、實踐者深知、人工智慧背後帶來的數理基礎、系統開發的難度、系統整合的複雜度，比起以往的單一學門的學理與技術，更是困難許多。

筆者不對於稱人工智慧算是喜好的研究者，希望透過本系列：人工智慧整合開發系列的攥寫，可以將所學應用於物聯網、工業四、環境監控等議題，並將學習經驗分享給各位同好，相信透過分享與討論，可以快速把人工智慧的應用整合到上述的領域之中，可以創造出更多創造性、更具影響性、更佳的實務性等應用。

筆者才疏學淺、對於許多領域，永遠在學習路上，若有任何錯誤或需要改進的地方，希望各位讀者、學者、產業先進，不吝對筆者一一教導與支持，筆者必當湧泉相報。

作者介紹

曹永忠 (Yung-Chung Tsao)，國立中央大學資訊管理學系博士，目前在國立暨南國際大學電機工程學系&應用材料及光電工程學系兼任助理教授、自由作家，專注於軟體工程、軟體開發與設計、物件導向程式設計、物聯網系統開發、Arduino 開發、嵌入式系統開發。長期投入資訊系統設計與開發、企業應用系統開發、軟體工程、物聯網系統開發、軟硬體技術整合等領域，並持續發表作品及相關專業著作並通過台灣圖霸的專家認證

Email:prgbruce@gmail.com
Line ID：dr.brucetsao
WeChat：dr_brucetsao
作者網站：https://www.cs.pu.edu.tw/~yctsao/myprofile.php
臉書社群(Arduino.Taiwan)：https://www.facebook.com/groups/Arduino.Taiwan/
Github 網站：https://github.com/brucetsao/
原始碼網址： https://github.com/brucetsao/AI_Course
Youtube：https://www.youtube.com/channel/UCcYG2yY_u0m1aotcA4hrRgQ

郭耀文 (Yaw-Wen Kuo)，，國立交通大學電信博士，曾任職於工研院與合勤科技，擔任局端設備的硬體開發與設計，目前是國立暨南國際大學電機工程學系教授。研究領域在無線網路媒體存取協定設計、無線感測網路協定設計、物聯網系統設計等
Email: ywkuo@ncnu.edu.tw
網站： https://sites.google.com/site/yawwenkuo/

許智誠 (Chih-Cheng Hsu)，美國加州大學洛杉磯分校(UCLA) 資訊工程系博士，曾任職於美國 IBM 等軟體公司多年，現任教於中央大學資訊管理學系專任副教授，主要研究為軟體工程、設計流程與自動化、數位教學、雲端裝置、多層式網頁系統、系統整合、金融資料探勘、Python 建置(金融)資料探勘系統。

Email: khsu@mgt.ncu.edu.tw

作者網頁：http://www.mgt.ncu.edu.tw/~khsu/

蔡英德 (Yin-Te Tsai)，國立清華大學資訊科學博士，目前是靜宜大學資訊傳播工程學系教授，靜宜大學資訊學院院長及靜宜大學人工智慧創新應用研發中心主任。曾擔任台灣資訊傳播學會理事長，台灣國際計算器程式競賽暨檢定學會理事，台灣演算法與計算理論學會理事、監事。主要研究為演算法設計與分析、生物資訊、軟體開發、智慧計算與應用。

Email:yttsai@pu.edu.tw

作者網頁：http://www.csce.pu.edu.tw/people/bio.php?PID=6#personal_writing

參考文獻

LIn, y. (2020). 如何在 Ubuntu 系統上安裝 Notepad ++ (Install Notepad++ On Ubuntu 16.04 / 17.10 / 18.04). Retrieved from http://asahinow.blogspot.com/2019/03/ubuntunotepad-install-notepad-on-ubuntu.html

曹永忠, & 郭耀文. (2020a, 2020/12/28).【學習 AIGO 課程】使用 Yolo v5 預測及訓練自定資料集. *學習 AIGO 課程*. Retrieved from https://makerpro.cc/2020/12/how-to-use-yolov5/

曹永忠, & 郭耀文. (2020b, 2020/12/24). 【學習 AIGO 課程】第一步：DOCKER 環境建置. *學習 AIGO 課程*. Retrieved from https://makerpro.cc/2020/12/how-to-implement-docker-for-aigo-courses/

人工智慧開發第一步（硬體建置篇）

First step to artificial intelligent development-hardware installation and configuration

作　　者：曹永忠，郭耀文，許智誠，蔡英德
發 行 人：黃振庭
出 版 者：崧燁文化事業有限公司
發 行 者：崧燁文化事業有限公司

E-mail：sonbookservice@gmail.com
粉 絲 頁：https://www.facebook.com/sonbookss/
網　　址：https://sonbook.net/
地　　址：台北市中正區重慶南路一段六十一號八樓 815 室
Rm. 815, 8F., No.61, Sec. 1, Chongqing S. Rd., Zhongzheng Dist., Taipei City 100, Taiwan
電　　話：(02) 2370-3310
傳　　真：(02) 2388-1990

印　　刷：京峯彩色印刷有限公司（京峰數位）
律師顧問：廣華律師事務所 張珮琦律師

定　　價：250 元
發行日期：2022 年 03 月第一版
◎本書以 POD 印製

國家圖書館出版品預行編目資料

人工智慧開發第一步 . 硬體建置篇 = First step to artificial intelligent development-hardware installation and configuration / 曹永忠，郭耀文，許智誠，蔡英德著 . -- 第一版 . -- 臺北市：崧燁文化事業有限公司，2022.03
　面；　公分
POD 版
ISBN 978-626-332-088-8(平裝)
1.CST: 人工智慧 2.CST: 機器學習
312.83　111001406

電子書購買

臉書